食用菌种植能手谈经与专家点评系列

白灵菇生产能手谈经

康源春　孔维威　袁瑞奇　主编

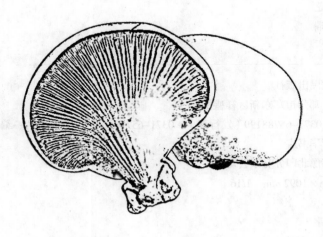

中原农民出版社
·郑州·

图书在版编目（CIP）数据

白灵菇生产能手谈经/康源春，孔维威，袁瑞奇主编．一郑州：中原农民出版社，2022.12
ISBN 978-7-5542-2667-4

Ⅰ．①白… Ⅱ．①康… ②孔… ③袁… Ⅲ.①侧耳属－蔬菜园艺 Ⅳ.①S646.1

中国版本图书馆CIP数据核字（2022）第225841号

白灵菇生产能手谈经
BAILINGGU SHENGCHAN NENGSHOU TANJING

出 版 人：刘宏伟
策划编辑：段敬杰
责任编辑：侯智颖
责任校对：赵华芝
责任印制：孙　瑞
装帧设计：董　雪

出版发行：中原农民出版社
地址：郑州市郑东新区祥盛街 27 号　　邮编：450016
电话：0371-65788199（发行部）　0371-65788651（天下农书第一编辑部）
经　销：全国新华书店
印　刷：新乡市豫北印务有限公司
开　本：787 mm×1092 mm　1/16
印　张：11.5
字　数：260 千字
版　次：2023 年 1 月第 1 版
印　次：2023 年 1 月第 1 次印刷
定　价：69.00 元

如发现印装质量问题，影响阅读，请与印刷公司联系调换。

康源春简介

　　河南省农业科学院植物营养与资源环境研究所研究员,国家食用菌产业技术体系郑州综合试验站站长,"河南省食用菌创新型科技团队"带头人,"河南省食用菌栽培工程技术研究中心"主任,河南省"四优四化"科技支撑行动计划食用菌专项首席专家,兼任中国食用菌协会常务理事、河南省食用菌协会会长。获得全国优秀科技特派员、河南省五一劳动奖章、河南省先进工作者等荣誉表彰。参加工作以来,一直从事食用菌学科的科研、生产和示范推广工作,以食用菌优良品种选育、高产高效配套栽培技术、食用菌工厂化生产等为主要研究方向。

康源春(中)在韩国首尔授课后同韩国专家(右)、意大利专家(左)合影留念

张玉亭简介

　　河南省农业科学院植物营养与资源环境研究所所长、研究员,河南农业大学硕士研究生导师; 河南省食用菌产业技术体系首席专家, 河南省土壤学会理事长,河南省农学会理事,中国土壤学会常务理事,河南省农业生态环境重点实验室主任,河南省食用菌科技特派团团长,郑州市科技领军人才。享受国务院政府特殊津贴。

张玉亭研究员
在食用菌大棚
指导生产

编 者 语

像照顾孩子一样
管理蘑菇

　　"食用菌种植能手谈经与专家点评系列"，是针对当前国内食用菌生产形势而出版的。

　　2009 年 2 月，中原农民出版社总编带领编辑一行，去河南省一家食用菌生产企业调研，受到了该企业老总的热情接待和欢迎。老总不但让我们参观了他们所有的生产线，还组织企业员工、技术人员和管理干部同我们进行了座谈。在座谈会上，企业老总给我们讲述的一个真实的故事，深深地触动了我。

　　他说：企业生产效益之所以这么高，是与一件事分不开的。企业在起步阶段，由于他本人管理经验不足，生产效益较差。后来，他想到了责任到人的管理办法。那一年，他们有 30 座标准食用菌生产大棚正处于发菌后期，各个大棚的菌袋发菌情况千差万别，现状和发展形势很不乐观。为此，他便提出了各个大棚责任到人的管理办法。为了保证以后的生产效益最大化，他提出了让所有管理人员挑大棚、挑菌袋分人分类管理的措施……由于责任到人，目标明确，管理到位，结果所有的大棚均获得了理想的产量和效益。特别是菌袋发菌较好且被大家全部挑走的那个棚，由于是技术员和生产厂长亲自管理，在关键时期技术员吃住在棚内，根据菌袋不同生育时期对环境条件的要求，及时调整菌袋位置并施以不同的管理措施，也就是像照顾孩子一样管理蘑菇，结果该棚蘑菇转劣为好，产量最高，质量最好。这就充分体现了技术的力量和价值所在。

　　这次访谈，更坚定了我们要出一套食用菌种植能手谈经与专家点评相结合、实践与理论相统一的丛书的决心与信心。

为保障本套丛书的实用性与先进性，我们在选题策划时，打破以往的出版风格，把主要作者定位于全国各地的生产能手（状元、把式）及食用菌生产知名企业的技术与管理人员。

本书的"能手"，就是全国不同地区能手的缩影。

为保障丛书的科学性、趣味性与可读性，我们邀请了全国从事食用菌科研与教学方面的专家、教授，对能手所谈之经进行了审读，以保证所谈之"经"是"真经"、"实经"、"精经"。

为保障读者一看就会，会后能用，一用就成，我们又邀请了国家食用菌产业技术体系的专家学者，对这些"真经"、"实经"、"精经"的应用方法、应用范围等进行了点评。

本套书从策划到与读者见面，历时近 3 年，其间两易大纲，数修文稿。本书主编河南省农业科学院食用菌研究开发中心主任康源春研究员、河南省农业科学院植物营养与资源环境研究所所长张玉亭研究员，多次同该套丛书的编辑一道，进菇棚、住农家、访能手、录真经……

参与组织、策划、写作、编辑的所有同志，均付出了大量的心血与辛勤的汗水。

愿该丛书的出版，能为我国食用菌产业的发展起到促进和带动作用，能为广大读者解惑释疑，并带动食用菌产业的快速发展，为生产者带来更大的经济效益。

愿我们的心血不会白费！

食用菌产业是一个变废为宝的高效环保产业。利用树枝、树皮、树叶、农作物秸秆、棉籽壳、玉米芯、牛粪、马粪等废弃物进行食用菌生产，不但可以增加农业生产效益，而且可减少环境污染，美化和改善生态环境。食用菌产业可促进实现农业废弃物资源化发展进程，可推进废弃物资源的循环利用进程。食用菌生产周期短，投入较少，收益较高，是现代农业中一个新兴的富民产业，为农民提供了致富之路，在许多县、市食用菌已成为当地经济发展的重要产业。更为可贵的是食用菌对人体有良好的保健作用，所以又是一个健康产业。

几千亿千克的秸秆，不只是饲料、肥料和燃料，更应该是工业原料，尤其是食用菌产业的原料。这一利国利民利子孙的朝阳产业，理应受到各界的重视，业内有识之士更应担当起这份重任，从各方面呵护、推助、壮大它的发展。所以，我们需要更多介绍食用菌生产技术方面的著作。

感恩社会，感恩人民，服务社会，服务人民。受中原农民出版社之邀，审阅了其即将出版的这套农民科普读物，即"食用菌种植能手谈经与专家点评系列"丛书的书稿。

虽然只是对书稿粗略地读了一遍，只是同有关的作者和编辑进行了一次简短的交流，但是体会确实很深。

读过书，写过书，审阅过别人的书稿，接触过领导、专家、教授、企业家、解放军官兵、商人、学者、工人、农民，但作为农业战线的科学家，接触与了解最多的还是农民与农业科技书籍。

在讲述农业技术不同层次、多种版本的农业技术书籍中，像中原农民出版社编辑出版的"食用菌种植能手谈经与专家点评系列"丛书这样独具风格的书，还是第一次看到。这套丛书有以下特点：

1. 新。邀请全国不同生产区域、不同生产模式、不同茬口的生产能手(状元、把式)谈实际操作经验,并配加专家点评成书,版式属国内首创。

2. 内容充实,理论与实践有机结合。以前版本的农科书,多是由专家、教授(理论研究者)来写,这套书由理论研究者(专家、教授)、劳动者(农民、工人)共同完成,使理论与实践得到有机结合,填补了农科书籍出版的一项空白。

(1)上篇"行家说势"。由专家向读者介绍食用菌品种发展现状、生产规模、生产效益、存在问题及生产供应对国内外市场的影响。

(2)中篇"能手谈经"。由能手从菇棚建造、生产季节安排、菌种选择与繁育、培养料选择与配制、接种与管理、常见问题与防治,以及适时收、储、运、售等方面介绍自己是如何具体操作的,使阅读者一目了然,找到自己所需要的全部内容。

(3)下篇"专家点评"。由专家站在科技的前沿,从行业发展的角度出发,就能手谈及的各项实操技术进行评论:指出该能手所谈技术的优点与不足、适用区域范围,以防止读者盲目引用,造成不应有的经济损失,并对能手所谈的不足之处进行补正。

3. 覆盖范围广,社会效益显著。我国多数地区的领导和群众都有参观考察、学习外地先进经验的习惯,据有关部门统计,每年用于考察学习的费用,都在数亿元之多,但由于农业生产受环境及气候因素影响较大,外地的技术搬回去不一定能用。这套书集合了全国各地食用菌种植能手的经验,加上专家的点评,读者只要一书在手,足不出户便可知道全国各地的生产形式与技术,并能合理利用,减去了大量的考察费用,社会效益显著。

4.实用性强,榜样"一流"。生产一线一流的种植能手谈经,没有空话套话,实用性强;一流的专家,评语一矢中的,针对性强,保障应用该书所述技术时不走弯路。

这套丛书的出版,不仅丰富了食用菌学科出版物的内容,而且为广大生产者提供了可靠的知识宝库,对于提高食用菌学科水平和推动产业发展具有积极的作用。

中国工程院院士
河南农业大学校长

目 录

　　白灵菇种植能手王志军把自己生产实践中的宝贵经验与教训在此总结成文,献予读者,难能可贵,但愿能给读者朋友在白灵菇科研、生产与经营上提供一点小小的帮助。

2

白灵菇 种植能手谈经

下篇　专家点评 ▸

　　种植能手的实践经验十分丰富,所谈之"经"对指导生产作用明显,但由于其自身所处工作和生活环境的特殊性,具有明显的地方特色。为了让广大读者更全面、更深层次地了解白灵菇的栽培技术,特邀请行业专家针对种植能手所谈之"经"进行解读和点评。

白灵菇在生产过程中,生产用水和环境空气质量是否达标,直接影响白灵菇的生长和产量。

白灵菇栽培设施多种多样,生产者应该根据当地特点,设计建造出实用的栽培设施。

随着人工成本的迅猛增加和工厂化栽培的发展,机械设备引入白灵菇的生产过程,必是大势所趋。

机械化、自动化、智能化是食用菌产业发展的方向,白灵菇生产也是一样。

顺应白灵菇生产发展的机械设备在不断推出,设备性能也在不断提高。

白灵菇生产者可以根据生产规模、生产需要、经济实力等选用相应机械设备。

白灵菇生产时期的确定,通常指栽培时间的确定。

我国自然气候差异明显,不同区域白灵菇开始栽培的时间差异巨大,应选择合适的季节进行白灵菇生产。

白灵菇品种的选择,应根据不同区域的消费习惯和生产目的来确定。我国不同地区的消费习惯差异较大。子实体形状、品种耐温性、菇质硬度、组织疏松度、适宜栽培模式等均是品种选择的依据。

重要提示:

第一,关注优良品种,必须选择利用具备符合生产要素的、具有稳定优良遗传性状的、满足消费者各项需求的优秀种质资源。

第二,采用人工手段制造优良的菌种,也即采用人工技术制造出携带优良遗传性状物质的载体,这种载体具备扩大白灵菇生产的功能。

这个过程,就是菌种的制作生产过程。

白灵菇的菌种,看似简单的一个菌丝体扩大繁育过程,要获得真正品质优异的菌种,并不是那么容易。

白灵菇,异养生物,自然界中分解者成员。

人类认识其能将自然界中废弃的资源转化为优质的蛋白质资源,并且营养美味。

白灵菇，自身具备将"草"变成"植物肉"的能力，但是，它自身仍然需要"特殊的营养"。

"特殊的营养"就是生产白灵菇的"培养料"。

"培养料"就像生产农作物的土壤。

白灵菇生产，不可轻视生产白灵菇的"土壤"———培养料。

每一种栽培模式的形成都凝结着种菇人聪明智慧和辛勤劳动。

每一种栽培模式都有其适应的生产地域。

气候差异、生产习惯不同、生产条件差别等因素，不同栽培模式都有其优点和不足之处。

白灵菇的栽培模式，一直在改变和完善。

哪一种栽培模式最好？

适合你的才是最好的！

白灵菇菌丝生理成熟后，必须解开袋口让其出菇。

白灵菇出菇方式具有多样性和可选择性。

出菇方式决定于栽培模式，栽培模式制约着出菇方式的选择。

究竟采取哪种出菇方式，是依诸多因素决定的，但要因地制宜。

白灵菇菌袋培养过程是白灵菇菌丝分解培养料，转化、储存营养的过程。菌袋培养精准化管理就是要提供给白灵菇菌丝健康生长的最舒适的环境条件。

白灵菇发菌和后熟完成，菌丝积累了充分的养分，在菌袋周围形成一层原基，标志着进入了生殖生长阶段。原基形成后，首先进行催蕾，促使原基分化成幼蕾。菇蕾形成期、幼菇期、菇体发育期、商品菇形成期是人为划分的白灵菇生长发育的不同阶段，各阶段对外界环境要求略有差异。

白灵菇工厂化生产是白灵菇生产发展的趋势，目前，白灵菇消费的主流仍以中高档饭店为主，所以对白灵菇的质量要求不断提高，周年供应很有必要，这都为白灵菇工厂化生产提供了发展的空间。

白灵菇采收时期的选择对于鲜品商品品质和货架期具有重要作用。采收过早，单菇产量低，采收过晚，菇体颜色变黄，菇质硬度下降，影响口感。

白灵菇鲜菇含水量大,因而常温常湿环境下体内水分蒸发量也大。

鲜菇采后及时包装,可有效减少水分蒸发,保持商品性质。

采用适宜的储藏技术,可以延长保鲜期。

控温保鲜法是常用保鲜方法。

鲜菇物流应在低温下进行,轻装轻卸,减少挤压和损伤,以减少酶的释放及降低呼吸强度。

自然界中,病原微生物普遍存在。

营养丰富的培养料和白灵菇的出菇环境有利于病虫害滋生、繁殖。

病、虫害常交叉感染和传播。

白灵菇栽培的特性决定了病虫害一旦蔓延,很难治理。

白灵菇栽培的过程,也是与病、虫害做斗争的过程。病虫害可防可控!

应把病、虫害综合防控的理念贯穿到栽培过程始终!

我国白灵菇加工技术薄弱,加工型产品极少。

白灵菇加工后的很多产品深受消费者喜爱。

白灵菇深加工前景非常广阔。

白灵菇简单加工,可以使消费者在非白灵菇生长季节里享用到白灵菇美味,有利于拉长产业链条,提高消费档次。

白灵菇干制,是我国传统的简单加工方法。

白灵菇盐渍及罐头加工品,省去泡发过程,方便食用。

白灵菇原料,除用于烹调外,还可加工制成各种罐头等。

原料加工后,其价值可上升 5 倍以上。

菌渣中仍含有丰富的营养。

菌渣中携带或隐含有病菌或虫卵,条件适宜,病虫害会扩散。

空气中病菌孢子浓度增大,成功栽培食用菌的难度加大。

不少食用菌产区菌渣到处堆积,严重污染环境。

菌渣不及时处理,将影响食用菌产业的可持续发展。

菌渣处理途径很多,因地制宜地选择处理办法可收到事半功倍的效果。

菌渣处理已成为循环农业的一个节点。现已有企业从事菌渣设备研发、菌渣处理和综合利用方面的开发。

菌渣处理成本相对较高,呼吁政府对菌渣处理企业给予优惠政策或财政补贴。

　　本书向大家介绍一些白灵菇的烹饪方法，旨在引导大家如何更好地食用白灵菇。吃的人多了，白灵菇消费量自然会增加。

白灵菇
种植能手谈经

上篇

行家说势

白灵菇是珍稀食用菌家族中的一员,是我国具有完全自主知识产权和明确原产地的食用菌,也是最早进入我国农业植物新品种保护名录的食用菌。

一、认知白灵菇

白灵菇作为食用菌大家族中的主要成员之一，有着独特的生物学特性和营养保健功能。认真了解其生物学特性、发展历史和营养功能，是减少从业者盲目性和风险性的必修课，是避免因"知其然，而不知其所以然"而造成生产损失的重要途径。

白灵菇学名白灵侧耳,属于真菌门、担子菌亚门、层菌纲、伞菌目、侧耳科、侧耳属。在我国,野生白灵菇于春季和秋季发生在新疆的塔城、托里、木垒等地的山地和山前平原及冲积扇的阿魏滩上,寄生于伞形科植物的茎部。白灵菇是我国具有完全自主知识产权和明确原产地的食用菌。

(一)白灵菇的生物学特性

1.白灵菇的形态特征

1)菌丝 白灵菇的菌丝在母种培养基上洁白浓密,菌丝活力旺盛。在原种及栽培菌袋生长阶段,菌丝粗壮有力,洁白浓密(图1-1-1),菌丝满袋后会在袋内形成较厚的菌丝层,随着菌种存放时间的延长,还会形成较厚的菌皮,在菌袋内表现更为突出(图1-1-2)。

图 1-1-1 菌袋菌丝

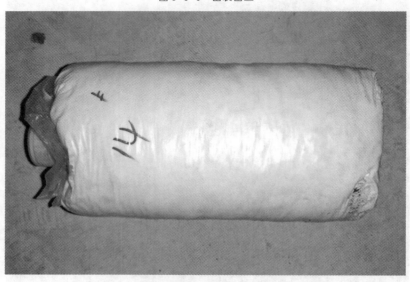

图 1-1-2 菌袋菌皮

2)子实体　白灵菇的子实体单生或丛生,完整的子实体由菌盖、菌柄、菌褶构成。

(1)菌盖　多呈扇形或贝壳形。菌盖直径8~15厘米,最大的可超过35厘米。菌盖颜色呈白色,因品种不同而稍有差别。菌盖一般厚1~5厘米,最厚可达10厘米以上(图1-1-3)。

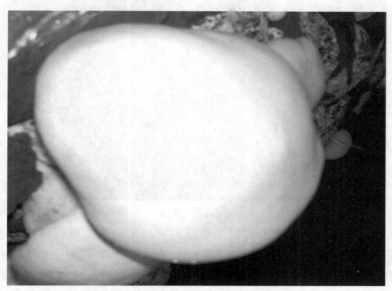

图1-1-3　菌盖

(2)菌褶　着生在菌盖的下方,呈刀片状,排列整齐,长短不一(图1-1-4)。

图1-1-4　菌褶

(3)菌柄　侧生或偏生于菌盖下端(图1-1-5),柄中实,直径1~5厘米,品种不同差异较大,柄长2~5厘米,有时达5厘米以上。

图 1-1-5　菌柄

2.**生活史**　白灵菇的生活史,通常是指从白灵菇的孢子发育到新的孢子产生的过程。其完整过程为:白灵菇子实体成熟后产生大量的担孢子,担孢子在适宜的营养和环境条件下萌发形成单核菌丝,单核菌丝经异宗结合形成双核菌丝,双核菌丝是白灵菇菌丝的主要形态。双核菌丝进一步发育,在适宜的营养和环境条件下扭结形成子实体,子实体长大成熟后又形成担孢子。这样一个完整的生长过程就是白灵菇的生活史。

其中,白灵菇子实体生长发育一般分为 7 个时期:

1)菇蕾形成期　菇蕾形成初期呈米粒大小(图 1-1-6),后发育成直径 1~3 厘米的小球,一般 5~7 天。

图 1-1-6　菇蕾形成

2)菌柄分化期　随着小菇蕾的不断生长,在菇蕾的根部逐渐分化出菌柄(图1-1-7)。

图1-1-7　菌柄分化

3)菌盖形成期　由球状菇蕾发育成贝壳状,表面平展光滑(图1-1-8),一般为3~7天。

图1-1-8　菌盖形成

4)菌柄形成期　随着菌盖的成形,菌柄也形成并逐步生长(图1-1-9)。此期应加强通风,避免菌柄生长太长。

白灵菇 种植能手谈经

图 1-1-9　菌柄形成

5）菌褶形成期　随着菌盖和菌柄的生长，在菌盖的下方开始形成菌褶。

6）菇体生长期　菇体各部分进入旺盛生长时期（图 1-1-10），时间随温度的变化而不同，5~10℃生长缓慢，10~20℃生长较快，20℃以上生长迅速。

图 1-1-10　子实体生长

7）成熟期　菌盖、菌柄、菌褶基本停止生长，菌褶上开始发育孢子，菌盖由白变黄（图 1-1-11），菌盖的边缘开始平展，菇质密度开始降低。

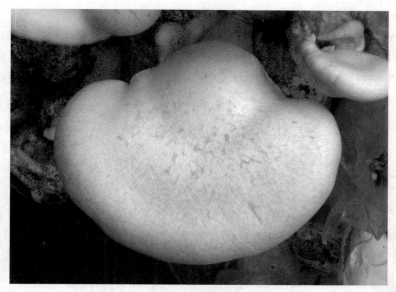

图 1-1-11　菌盖变黄

3.生长发育条件

1）营养　白灵菇是一种腐生和寄生兼有的菌类,主要采取熟料栽培。许多农林副产物及下脚料均可用作其栽培料。白灵菇的生产要从原料关口抓起,严格按照我国农业农村部制定的无公害标准执行。

主料包括:除桉、樟、槐、苦楝等含有有害物质树种外的阔叶树种的木屑;自然堆积6个月以上的针叶树种的木屑;稻草、麦秸、玉米芯、玉米秆、高粱秆、棉籽壳、废棉、豆秸、花生皮、甘蔗渣等农作物副产品;糠醛渣、酒糟、醋糟等。辅料包括:麦麸、米糠、饼肥(粕)、玉米粉、大豆粉、禽畜粪等。

2）温度　白灵菇的菌丝生长温度为6~35℃,最适温度为22~25℃。温度超过35℃菌丝停止生长,低于6℃,生长缓慢,但耐低温性强。子实体分化的温度为0~15℃,子实体在3~22℃均能生长,以8~18℃最适宜。温度低于10℃,子实体生长缓慢,但菇质较佳;20℃以上菇体生长快,但菇质稍差;温度超过25℃,子实体很难形成。

3）空气　白灵菇是好气性菌类,菌丝和子实体的生长发育均需新鲜空气。当二氧化碳浓度在0.15%以上时,原基发育受阻,易发生畸形菇。白灵菇子实体生长阶段对氧气的需求量超过其他菇类,栽培环境通气不良易产生畸形菇,影响品质。

4）光照　白灵菇菌丝生长阶段不需要光线,但子实体的生长发育需要一定的散射光。在完全黑暗条件下,子实体很难分化,强光下也不易形成子实体,一般光线在200~1 500勒克斯,子实体都能正常生长发育。品种不同,对光线的要求也不同,有的要求强光,有的要求弱光。生产实践证明,光线过弱会产生畸形菇,适量的散射光有助于白灵菇子实体的形成和培育形态优良的子实体。

5）酸碱度　白灵菇菌丝在pH 5~11的基质上均可生长,最适pH 6~7。母种培养基的pH以6.5左右为最好。在配制栽培原料时,培养料的初始pH 10~11,灭菌后基质的pH 8~9。出菇期采用覆土方式时,覆土材料如土壤的pH以8~8.5为宜。

上篇　行家说势

6）水分

（1）水分　菌丝生长阶段培养料的含水量在65%左右为宜。水分含量高时，菌丝生长缓慢或难以生长；水分含量低，菌丝生长细弱，影响子实体的形成和生长发育。

（2）空气相对湿度　白灵菇子实体生长除了要求培养料内含水量维持在65%左右外，还要求子实体生长环境中的空气相对湿度不低于70%，但也不宜长期高于95%，以85%左右为宜。

认识和了解白灵菇的生物学特性，是初学者入门的基础。

白灵菇生产的目标是达到优质、高产、高效益。为了达到这个目标，需要首先了解其形态结构、营养要求及对外界环境条件的要求，并用于指导生产。

（二）白灵菇的营养与保健功能

白灵菇子实体通体洁白，外形美观，菇体肥大，盖厚柄粗，质地密实，味鲜质脆，风味极佳（图1-1-12和图1-1-13）。蛋白质含量丰富，氨基酸种类齐全，赖氨酸含量高达5.69毫克/克，为一般食用菌的2倍以上。

图1-1-12　素炒白灵菇片　　　　　　　　图1-1-13　白灵菇炒肉

白灵菇的药用价值也很高。它含有白灵菇多糖和维生素等生理活性物质及多种矿物质，具有增强人体免疫功能的作用，对腹部肿块、肝脾大有良好的预防和治疗效果，又具有帮助消化及美容养颜的功能。

（三）栽培白灵菇的经济效益

白灵菇产品的特色明显，市场需求旺盛，产品价格昂贵。按目前市场的平均价格，种植一个占地1亩（约等于667米²）的白灵菇的日光温室大棚，按每棚3万袋计算，产鲜菇7 500千克，按平均每千克8元计算，产值6万元，扣除生产成本（每袋1元），每个大棚可获纯利3万元。

(四)白灵菇的发展前景

白灵菇生产已经由过去的庭院经济、家庭副业,逐步转变为家庭主业、个人事业、家庭经济支柱。从食用菌产业的发展趋势和我国农村经济发展的前景分析,白灵菇发展走专业化、规模化、标准化、品牌化是一条可行之路,同时也是必由之路。从全世界食用菌生产的发展趋势看,其栽培方式包括简单的设施栽培、标准化固定设施(菇房)栽培、专业化栽培、机械化栽培、智能自动控制栽培、工厂化栽培等多种方式。以日本为代表的现代化国家,在食用菌生产方面,采取专业制瓶发菌和专业菇房出菇的方式,实现了高度的专业化和机械化,大大提高了大型设备设施的利用率,实现了成本降低和效益提高。随着现代农业机械的发展和劳动力成本的不断上升,不论是发达国家,还是发展中国家,在生产方式上都将逐步走向专业化分工,机械化、自动化操作和工厂化发展的道路。

尽管白灵菇栽培有工厂化生产模式,但是目前还是以季节性栽培为主。当前存在的问题还有很多:一是产量低,二是一级菇比例低,三是后熟期长,四是目前推广的技术比较烦琐。以上问题是影响白灵菇产业发展的重要因素,如何克服是未来研究的主要方向。

据中国食用菌协会统计,2001年我国白灵菇总产量为0.7万吨,2003年达5.2万吨,2005年达8.2万吨,2007年达18.4万吨,2008年达21.7万吨,2009年达25.5万吨,2010年达29.3万吨,2011年达27.4万吨,2012年达31.3万吨,2013年达26.9万吨,2014年达30万吨,之后基本上逐年下降。2017年年产量为7万吨,2018年仅5.58万吨,2019年为5.79万吨,2020年为5.38万吨。由此可见,白灵菇产业规模发展仍需努力。

二、白灵菇生产特点与存在问题 ·····························◆

白灵菇生产形成了不同的生产区域，各产区都具备各自的地理、资源、气候等不同优势，同时也不同程度地存在一些问题，望生产者能扬长避短，合理调控。

我国白灵菇的主要生产基地分布于河北遵化市、灵寿县，天津蓟县，安徽阜南县，北京通州、房山、顺义（工厂化生产），新疆乌鲁木齐、青河县，河南虞城、许昌、清丰，河北邯郸，山西清徐等地。

（一）国内各生产区域的生产特点

1. 南方产区　南方地区冬季时间短，春季气温回升快，白灵菇生产一般在10月上旬至11月初制袋接种。12月下旬至翌年3月为出菇期。因南方地区气候各异，白灵菇的生产安排也各不相同。其中江苏、浙江、湖南、湖北等地12月中旬就可出菇，翌年4月中旬可结束栽培。而福建、广东一带往往在11月中旬气温尚在20℃以上，所以必须在12月底至翌年1月初栽培方能正常出菇。春季气温偏高，清明节后气温回升较快，因此以3月底左右结束出菇较为适宜。

2. 北方产区　以华北地区为例，全年可安排2次栽培。第一次栽培以8月中旬至10月上旬制袋，10月下旬至翌年5月上旬为出菇期。因9月中下旬该地区自然气温一般在20~25℃，正适合白灵菇菌丝生长。进入10月下旬至11月下旬，自然气温逐渐下降到20℃以下，正适合出菇的温度要求。第二次栽培可于12月至翌年1月上旬制袋。采用室内加温培养菌袋，一般室温保持在16~18℃菌丝就能正常发育。于春季2~3月自然气温回升到10℃左右，即可适时出菇。此时昼夜温差大，正好能满足白灵菇的低温抑制要求。第二次栽培，必须在1月上旬制袋结束，才能保证在较低温度条件下正常出菇并获得高产。春季气温不太稳定，如遇短期高温，将对白灵菇的产量和质量造成不利影响。

3. 工厂化栽培　随着经济社会发展水平的提高，安全、高效、商品性状好、周年供应的白灵菇产品越来越受到欢迎。因此，资金较多的生产者开始进行白灵菇工厂化栽培。工厂化栽培是白灵菇产业的发展方向。白灵菇是变温型食用菌，出菇整齐，便于管理，适于运输和存储，菇体白嫩，销售价格较高，是它适于工厂化栽培的重要原因。

工厂化栽培适于在城市周边，尤其是大城市周边生产。

（二）国内白灵菇生产存在的问题及解决对策

1. 季节性栽培粗放，设备简陋　我国现有白灵菇生产实施主体为小农户（菇农），工厂化生产的企业是少数。在大面积生产中，多采取日光温室进行白灵菇季节性栽培。菇农对食用菌生产的投入较低，栽培设施简单，栽培条件简陋，抗御自然灾害天气的能力较弱，缺乏对食用菌病虫害防治基本设施的投入，设施内的环境条件难以进行人工调控。发菌期间杂菌污染，虫害侵害，出菇期间子实体发育不良，畸形菇严重，特别遇到高温天气时，严重影响白灵菇生长发育，降低产量和效益。

2. 白灵菇栽培技术不够成熟，生产工艺不稳定　由于白灵菇是近些年发展起来的新兴食用菌种类，人们对白灵菇生物学特性及其生长发育规律研究得还不够，导致在生产过程中白灵菇的发展现状并不尽如人意，主要表现为：栽培技术不够成熟，生产工艺相对复杂，栽培周期较长，菇蕾发育同步性差，生产成本居高不下，尤其对于工厂化栽培企业来说，随着白灵菇市场价格趋于理性，与金针菇、杏鲍菇等工厂化栽培种类相比（表1-2-1），生产投入资金占用时间较长，总体经济效益并不理想，在目前栽培技术理论没有突破的前提下,不少白灵菇工厂化栽培企业逐渐减少白灵菇的生产规模,改种金针菇或杏鲍菇等栽培周期相对较短的种类。比如,北京某食用菌企业耗资几百万元,建造反季节工厂化冷房生产白灵菇,因菌袋出菇率较低,且畸形菇多,效益很差。甘肃、云南等省一些生产基地,也因技术不过关,生产季长菇少,效益欠佳。河南省某县生产基地在白灵菇菇蕾形成阶段,进行人为加温时操作失误,造成无盖长柄畸形菇的产生。

表1-2-1 部分食用菌工厂化栽培种类比较

食用菌种类	分化温度/℃	出菇温度/℃	栽培周期/天
金针菇	8~16	8~12	56~68
杏鲍菇	8~18	12~18	55~60
白灵菇	4~13	15~18	100~120

3. 缺少机械设备投入,集约化程度低 白灵菇产业是劳动密集型行业,在生产过程中,培养料配制和装袋工序繁杂、劳动强度和用工量大,作业环境相对较差,对机械化需求迫切。由于菇农自身经济状况的限制,绝大部分菇农从拌料、装袋到生产管理都采用手工作业。一方面劳动强度大,工作效率低下,长时间从事食用菌生产,对菇农的身体健康造成不利影响;另一方面,手工作业导致白灵菇菌袋个体之间生长差异较大,给栽培管理带来困难,无法实现标准化生产。因此,需要引进相关的机械设备来完成生产过程中部分劳动强度较大的作业,使菇农从繁重的劳动工作中解脱出来,提高工作效率,实现白灵菇产业的集约化、标准化和可持续生产。

4. 缺乏配套服务体系,栽培风险大 白灵菇属于低温型菇,对环境条件要求苛刻,且南北省区自然条件差异极大,栽培管理要求不一。但白灵菇价位高,因此白灵菇生产已被许多地方政府看准,作为农业产业化调整项目,组织发展生产。许多地方在缺乏技术、缺少菌种的情况下,盲目投资、仓促上马,到处抢购菌种,造成菌袋成功率低,出菇率低,或者赶不上市场好价格的时机,或者收购者在菇多时压价,造成很多种植者亏本。

5. 解决对策

1)加大科研投入力度,突破白灵菇栽培技术难点 从目前看来,栽培周期长、生物学效率低、栽培工艺稳定性差是白灵菇生产过程中的主要难点。因此,相关科研单位应该加大科研投入力度,针对目前制约白灵菇高产高效的技术瓶颈,多领域专家进行协同攻关。一方面通过采用传统的杂交育种手段结合分子遗传学育种技术,选育高产、优质、生长周期短的白灵菇新品种;另一方面,在掌握白灵菇生长发育规律的基础上,通过对栽培过程中关键点研究,突破白灵菇栽培技术难点,结合环境控制技术,优化白灵菇栽培工艺流程,从而形成稳定的白灵菇栽培技术。

2)建设白灵菇生产专用温室或菇房 目前栽培白灵菇以日光温室季节性栽培为主,不仅栽培设施简陋,而且单位面积的土地利用率不高,白灵菇生长不需要土壤,可以进行立体栽培。因此,增加投入,规范白灵菇栽培设施,建设以立体栽培为主要目标的白灵菇生产专用温室或菇房已经成为当务之急。制定全国通用的白灵菇生产菇房建设标准困难较大,但各地应根据当地自然环境状况,以生产优质白灵菇为目标,从节能、经济、环保及安全等角度出发,建设适于本区域发展的白灵菇生产专用温室或菇房,用于规范和保证当地白灵菇的安全优质生产。

3)引进相关机械与设备,实现白灵菇集约化、标准化生产 从白灵菇生产工艺过程来看,拌料和装袋是栽培基础,同时也是劳动强度最大的一道工序。因此,应该引进与拌料和装袋相关的生产机械和设备,如铲车、翻堆机、粉碎机、输送机械、搅拌机、装袋机等,提高工作效率,降低菇农的劳动强度,提高白灵菇栽培袋制作的标准化水平。灭菌是栽培的关键,同时也关系到节能及环保问题。因此,应该购置大型的灭菌容器,淘汰落后的土制灭菌灶,提高灭菌效果,降低污染率,同时做到节能环保。有条件的地方,还可以通过制定标准化生长相关流程,引导菇农走食用菌产业的集约化、标准化生产的道路。

4)完善配套服务体系,确保白灵菇产业可持续发展 目前,白灵菇生产主要以菇农进行季节性生产为主体,由于菇农在资金、市场信息、技术及销售渠道等方面的劣势,在市场经济条件下,更加需要有相配套的产前、产中和产后服务,完善的食用菌生产、加工、销售等社会化服务体系。在政府的扶持和指导下,菇农可以组建自己的行业协会,通过协会直接参与食用菌市场建设和管理,掌握市场的主动权;把生产与市场、生产与服务紧密地联系起来,实现产前生产资料供应、产中技术标准培训指导和病虫害防治、产后产品收购加工包装及上市流通等统一的社会化服务体系,既增强了产品的市场竞争力,又降低了生产成本与风险,提高了菇农的收入;同时,还可以及时组织农民培训,提高菇农的技术水平。

5)开发白灵菇加工产品,拓展消费市场 现有白灵菇生产季节相对集中在冬季和早春,随着栽培规模的扩大,当产品出现相对供过于求时,市场价格必将下降,给菇农带来损失。因此,开发白灵菇深加工产品,不仅可以缓解产品高峰期"菇贱伤农"的难题,降低菇农栽培风险,而且还可以提高白灵菇产品的附加值,出口创汇,拓展消费市场。白灵菇初级加工包括速冻保鲜、切片脱水干制、加工罐头制品等。因此,有条件的生产基地可以办白灵菇深加工厂,解决产品销售问题。

白灵菇 种植能手谈经

三、白灵菇的生产发展趋势 - - - - - - - - - - - - - - - - - - ◆

针对白灵菇的生产模式及特点进行了分析，让生产者清楚地认识和了解这个行业，为下一步发展奠定基础。

（一）白灵菇的发展模式

1. 不同生产模式及特点　白灵菇主要存在3种生产模式，即传统农户生产模式、合作社生产模式、工厂化生产模式。

1) 传统农户生产模式　该模式是白灵菇栽培技术推广以来最主要的生产模式。由于生产者的素质和栽培条件不一，生产的产品质量参差不齐。产品供应比较集中，仅局限于固定的时间和季节，较难实现全年供货。同时受销售渠道限制，市场竞争力较弱。

2) 合作社生产模式　由合作社统一为农户提供菌种和技术指导，并负责产品的销售。农户则负责栽培管理。该模式优点是可形成一定规模的产业化生产，有利于提高生产率，但仍难以克服产品质量稳定性差、供应存在季节性等特点，在标准化生产及产品质量控制上难以满足市场要求。

3) 工厂化生产模式　该模式是具有现代农业特征的产业化生产模式。生产效率和机械化程度大大提高，更有利于产品质量的提高、稳定和实现周年供应。该模式的生产主体一般是资金雄厚的公司。

（二）白灵菇市场需求分析

1. 宏观环境分析　我国城乡居民收入不断提高，带来了巨大的行业发展空间。"一荤、一素、一菇"的饮食理念不断深入人心，使消费者对珍稀食用菌如白灵菇的关注度不断提高。此外，餐饮业的不断发展，也带动了食用菌行业发展。

2. 产品需求分析　中国产业信息网发布了《2015—2022年中国食用菌市场行情调查及投资可行性评估报告》，报告显示，2013年我国白灵菇产量为26.9万吨，2014年国内产量增长至30万吨，占同期国内食用菌总产量的0.9%。据统计，2013年我国白灵菇消费量为26万吨，2014年国内消费量增长至29万吨。2018年以后，全国白灵菇产销量稳定在5万吨左右，鲜菇价格稳定在10~40元/千克。

（三）市场未来发展前景

国内白灵菇产品仍以鲜销为主，马口铁罐头畅销广州、深圳、武汉等一线城市。出口产品中打破原有以出口菌棒、罐头为主的模式，出口鲜销产品市场逐步打开，产品质量及价格得到国外客户的充分认可。出口国家由原来的日本及东南亚各国扩大到美国、澳大利亚等，深受市场欢迎。

中篇

能手谈经

　　白灵菇种植能手王志军把自己生产实践中的宝贵经验与教训在此总结成文，献予读者，难能可贵，但愿能给读者朋友在白灵菇科研、生产与经营上提供一点小小的帮助。

生产能手简介

王志军,男,河南省安阳市内黄县人。1990年他学习食用菌生产技术后,就开始从事食用菌研究和技术推广。1999年开始种植白灵菇,通过试验筛选出了优质高产的白灵菇品种和配套栽培技术。从最初的棉籽壳生料栽培、熟料栽培到目前以玉米芯为主料栽培白灵菇,从直立出菇、平放出菇到覆土出菇模式,从季节性生产、菌房反季节养菌提前出菇到冷房周年出菇等,掌握了一系列白灵菇生产技术,使白灵菇菌袋出菇率达到95%以上,生物学效率高于80%。

经过20多年的发展,他积累了丰富的种植经验,目前已成立合作社,并建立了示范基地5个,多年来为菇农提供技术指导和跟踪服务,每年投料近20万千克,经济效益50多万元,成为当地有名的白灵菇种植能手。

白
灵
菇

种植能手谈经

一、种菇要选风水宝地

白灵菇的生长不但需要一个适宜生长发育的小环境，而且也要求生产场地的大环境必须洁净、卫生。

（一）场地清洁卫生、无污染源

要求5 000米以内无工矿企业污染源，3 000米内无生活垃圾堆放和填埋场，无工业固体废弃物、危险物堆放和填埋场等。此外，要避开大型动物养殖场、公路干线等场所。

案例一：我曾到一个白灵菇生产户技术指导，发现他的出菇房是旧房子改造，而且是养殖过猪的厂房，我就建议他选个新地方。因为当时正赶上栽培季节，他就心存侥幸，结果后来发菌的时候，菌袋污染特别严重，造成了很大的经济损失。

（二）方便管理与销售

白灵菇生产管理是一个经常性的工作，因此选择环境时应充分考虑其方便性。栽培场所要求交通方便，水电供应有保证。此外，白灵菇作为珍稀食用菌，大多销往北京、上海、广州、武汉、郑州等大中城市，因此产地交通要十分便利。

案例二：河南许昌作为白灵菇生产规模较大的基地，是京港澳高速（G4）经过之地。白灵菇产品下来后，通过京港澳高速可以快速到达武汉、郑州、北京、广州等城市。

二、为白灵菇建一个"安乐窝"　◆

白灵菇生长需要人为营造一个适宜其生长发育的小环境。

白灵菇栽培场所多种多样,除了大棚外,还有民房、地下防空洞、窑洞等场所。根据多年的栽培经验总结出:白灵菇的栽培场地应干净整洁,既能通风又能降温,周围没有养殖场,接近水源,但是排水要方便。

(一)塑料大棚

近年来塑料大棚和日光温室在全国各地发展很快,利用塑料大棚和日光温室生产白灵菇,可以充分利用大棚内的有利条件,提高白灵菇产量,延长出菇时间,综合提高种菇效益和大棚效益。塑料大棚的种类较多,按用材可分为钢骨架大棚、竹木骨架大棚、水泥骨架大棚等,从外观上又可分为拱形大棚、斜坡形大棚、地上式大棚和半地下式大棚。

(1)拱形塑料大棚的结构与建造　拱形塑料大棚是最常见的一类大棚,骨架多采用钢管、塑料、水泥预制品等,规模尺寸一般高2.5~3.0米(中间高度),宽5~10米,长度20~60米(图2-2-1)。

图2-2-1　拱形塑料大棚

塑料膜多采用高强度的聚乙烯膜或无滴型聚氯乙烯有色大棚专用膜,保温遮阳材料多采用稻草等秸秆草帘(图2-2-2、图2-2-3),遮阳也可采用专用的黑色遮阳网。建造大棚选择土地平整、朝阳、取水方便、交通便利的地方,大棚多东西向,棚的大小根据生产量和投资的多少决定。搭建时先将主骨架按照一定的方向、方位和间距固定好,再将塑料膜覆盖好,用铁丝或尼龙绳将塑料膜拉紧,固定牢靠。再在塑料膜的上方覆盖好遮阳物。

图2-2-2　稻草或麦秸草帘保温遮阳大棚

图2-2-3　玉米秸秆草帘保温遮阳大棚

（2）斜坡形塑料大棚的结构与建造　斜坡形塑料大棚采光性好,保暖性好,建造省力,成本低。通常大棚东西向,北面用砖墙或土墙,南面采用砖或土筑墙,也可不筑墙而直接用塑料膜,大棚北高南低,北墙一般高2.5~3.2米,南墙高1~1.5米,北墙厚度要大一些,南北墙上每隔2米左右留一通风孔。大棚骨架多采用竹木或水泥预制品,取材容易,建造省力省工,农村多采用这种形式(图2-2-4)。

图2-2-4　竹木或水泥骨架大棚

（3）半地下式塑料大棚的结构与建造　半地下式塑料大棚是指大棚的空间主要部分向下深挖1米左右,大棚的地面高度较低,而棚内的高度却较高。半地下式塑料大棚的优点是保温保湿性能好,冬暖夏凉,结构简单,建筑省材省工,适合农村及贫困地区,大棚可大可小,外形拱形或斜坡形均可(图2-2-5)。

图2-2-5　半地下式塑料大棚

（4）日光温室型塑料大棚的结构与建造　日光温室是近年来蔬菜生产中对塑料大棚的一种改进型的最优结构,这种结构的大棚可最大限度地利用光能,保温性能好。在寒冷的冬季,连续几天阴雨雪室内气温不低于5℃,多云或晴天大棚内温度与外界气温可相差20~25℃,对白灵菇生产非常有利。利用日光温室型塑料大棚从事白灵菇生产,在冬季可以满足白灵菇正常生长对温度的要求,解决了一般大棚加温困难、保暖性差的问题,可以节约大量的燃料费用,省工省力。

日光温室型塑料大棚一般坐北朝南,东西延长,向东或向西偏斜5°~7°。日光温室型塑料大棚的结构有土筑墙式和砖筑墙式两类。高度一般2.8~3.0米,后墙高1.8~2.0米,跨度6.5~7米,长度50~60米,土筑墙的墙体厚度80~100厘米,砖筑墙的墙体厚度50厘米(图2-2-6)。

图2-2-6　日光温室型塑料大棚

骨架一般选用钢架材料或竹木材料,也可用专用的水泥预制品骨架。棚膜多采用聚氯乙烯(PVC)耐老化无滴膜或聚乙烯(PV)多功能复合膜。砌体墙的保暖材料多用炉渣、锯末、硅石等,后坡的保温多用秸秆和草泥,前坡多用草帘。

（二）旧房改造

普通民房要作为生产白灵菇的出菇场所要进行适当的改造,使其符合白灵菇子实体生长发育的要求。根据我国北方地区大部分普通民房的特点,最关键的是改造普通民房的通风窗,要使房间的空气能够对外交换,这样就需要在普通民房的墙体上挖出可以形成对流的通风窗。另外如果考虑冬季加温,就要修建加温装置,即在室外设置火灶和排烟通道,室内加装升温通道。

三、生产季节安排

根据当地气候条件,合理选择生产季节,是白灵菇栽培成功和获得较高效益的关键。

白灵菇菌种生产时间的安排应根据栽培时间而决定。一般菇农多在秋冬季栽培，此期气温适宜，栽培成功率高，产量也较高。

　　根据白灵菇母种、原种、栽培种三级菌种的生产周期，参考所要栽培的时间，可以推算出不同级别菌种的生产周期。母种应在原种制作期前 10~15 天进行，原种应在栽培种制作期前 30 天左右进行，栽培种应在生产期前 30~35 天进行制作。根据自然季节进行栽培的，菌种生产一般母种于栽培袋接种前 95 天，原种于栽培袋接种前 80 天制备，栽培种于栽培袋接种前 40 天左右制备。根据河南省各地的自然气候特点，一般应在 4~8 月生产母种，6~9 月生产原种，7~10 月生产栽培种。在河南省自然气候条件下菌种生产时间的安排见表 2-3-1。

表 2-3-1　白灵菇菌种生产时间安排一览表

	母种	原种	栽培种	菌袋	出菇	备注
1 月					●	
2 月					●	
3 月					●	
4 月	●				●	
5 月	●				●	
6 月	●	●				
7 月	●	●	●			
8 月	●	●	●	●		
9 月		●	●	●		
10 月			●	●		
11 月				●	●	
12 月				●	●	

四、选好品种能多赚钱

品种在很大程度上决定着产品的质量、品质及商品性状。优良品种是白灵菇生产获得优质、高效的基础。

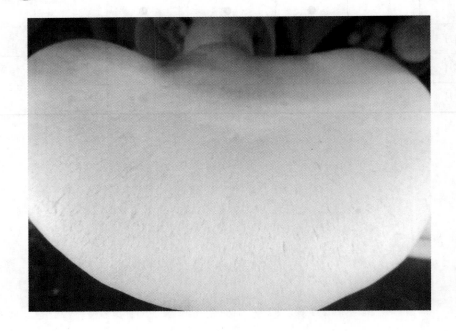

我种植白灵菇十几年，种植过的品种有几个，白灵菇品种的选择既要根据生产时间，也要根据市场的变化。最初种植白灵菇时，市场需求紧俏，几乎所有品种都容易销售。后来发现，广温型的品种因其生长适宜温度广，生产季节相对较长，管理要求相对较宽，因此更适宜种植。有一年，因为备料有些晚了，就种了后熟期短的品种，这样没有错过最佳的生产季节，也没有影响当年产品的销售。后来随着生产规模的扩大，市场对产品的需求越来越专业化。马蹄形和耐高温品种菇质组织较疏松，味道差，不受市场欢迎。而手掌形和钟形品种菌柄短，肉质肥厚，菇质好，适应性强，市场需求量大，我就集中种植该类品种的白灵菇。

通过我的经验告诉大家，选择品种，首先选择广温型且产量高的品种，这样管理比较容易。其次，要根据市场需求，选择不同商品性状的品种。

白灵菇 种植能手谈经

五、自制生产用种能省钱

在白灵菇大规模种植中，要想节约生产成本，提高栽培效益，可以自制生产用原种和栽培种。这是降低成本行之有效的方法。但生产者必须具备常用的生产设备，掌握专业的制种技能和菌种质量鉴别及简单保藏方式。

（一）白灵菇的菌种分级

白灵菇的菌种同农作物的种子一样重要，优质的菌种是白灵菇生产获得高产的基础。

白灵菇菌种是通过人工培育的纯菌丝体及其培养基的混合体。生产中通常分为三级，分别为母种（一级种）、原种（二级种）、栽培种（三级种）。

1. 母种　利用白灵菇的子实体经组织分离或孢子分离培育而成，一般盛装在玻璃试管内。直接分离培育而成的母种称为原始母种。原始母种转扩一次而成的母种称为一级母种，一级母种再转扩一次而成的母种称为二级母种（图2-5-1）。生产中常用三级或四级母种作为生产用菌种。实践证明，连续多次转扩的母种，会使菌种生活力降低，品种发生退化，甚至发生变异。

图2-5-1　二级母种

2. 原种　由母种转扩而成，容器一般选用标准菌种瓶、药用葡萄糖瓶或其他容器，培养料有棉籽壳、麦粒、玉米粒、玉米芯、木屑等。一支母种通常可转扩4~6瓶原种（图2-5-2）。

图2-5-2　原种

3. 栽培种　栽培种(图2-5-3)由原种转扩而成,容器一般为菌种瓶或塑料菌种袋。生产中多采用聚丙烯或聚乙烯塑料袋。一瓶原种可以转扩40~60瓶或20~25袋栽培种。

图2-5-3　栽培种

(二)生产场所及常用设备

中小型菌种厂应该具备以下基本条件。

1. 生产场所

1)占地面积　整个场地面积不低于2 000米²。

2)水电设施　电路设计合理,线路应该满足各种生产设备开动时的功率需要。用水方便,排水通畅。

3)运输设备及设施　要有专用的交通工具,如汽车或农用机动车。内部具有运送原料的手推车或其他的搬运工具。

4)生产场地　厂房包括拌料室、装瓶装袋室、灭菌室、冷却室、缓冲间、接种室、洗涤间、原料仓库等。

5)培养室　不少于10间,专用培养室、菌种储存室等,室内设置菌种架,并安装加温、降温设施。

6)出菇场地　进行简单的出菇试验,验证菌种生产性状的优劣。

2. 主要配套设备　一个规范化的菌种厂,除了要有合理的场所布局外,还要有一定的生产设备。生产设备的选择配套将决定菌种场的生产能力,并与菌种质量有密切的关系。

1)配料设备

(1)衡量器具　一般应配备磅秤、手秤、粗天平、量杯和量筒等。

(2)拌料机具　拌料必备的机具有铁铲、铁锨、铁锅、电炉、水桶、水盆、专用扫帚和簸箕等。生产规模较大的菌种场还应配备一些机械,如切片机、粉碎机和拌料机等。

(3)装料机具　装袋机。

2)灭菌设备　灭菌设备专指用于培养基和其他物品消毒灭菌的蒸汽灭菌锅。灭菌锅是制种工序中必不可少的设备,有高压蒸汽灭菌锅和常压蒸汽灭菌锅两大类。

（1）高压蒸汽灭菌锅　高压蒸汽灭菌锅是一个密闭的、能承受一定压力的金属锅,在锅底部盛水,锅内的水煮沸后产生蒸汽。由于蒸汽不能向外扩散,迫使锅内的压力升高,即水的沸点也随之升高,因此可获得高于100℃的蒸汽温度,从而达到迅速彻底灭菌的目的。高压蒸汽灭菌锅,有手提式、直立式和卧式等多种类型。

手提式高压灭菌锅,这种灭菌锅的容量较小,约14升,主要用于母种试管培养基、无菌水和一些器具等的灭菌,可用煤炉、电炉等作热源,较轻便经济。

直立式和卧式高压灭菌锅的容量都比较大,主要用于制作原种或栽培种培养基的灭菌。一次可容纳几十至几百瓶750毫升的菌种瓶。常用卧式高压灭菌锅如图2-5-4。

图2-5-4　卧式高压灭菌锅

（2）常压蒸汽灭菌锅　常见的常压灭菌灶呈方形,用砖和水泥构筑。通常采用大铁锅作为蒸汽发生源,在铁锅上方四周用砖砌成高1米左右,宽1～1.2米的灶体,顶部砌成平顶或拱形顶,上留一小孔放置温度计,灶体侧方留有灶门,以方便装锅或出锅,灶体底部预留小孔并安置铁管,用于中途补水,或在灶体后部排烟道前设置热水锅,灭菌过程中间补水可用温水。灶体内部设置2～3层搁架。灶门要能够密封紧密,防止热蒸汽泄漏。

3）接种设备与用具　接种设备是指分离和扩大转接各级菌种的专用设备,主要有接种室、接种箱、超净工作台以及各种接种工具。

（1）接种室　接种室又称无菌室,是进行菌种分离和接种的专用房间,是大批量生产菌种中常用的接种场所,特点是方便操作,接种速度快,但缺点是空间消毒效果较接种箱差。接种室分内外两间,外间为缓冲室,面积约2米²,里间为接种操作室,面积约5米²,高约2.5米;房顶铺设天花板,地面和墙壁要平整、光滑,以便于消毒清洗;接种操作室和缓冲室的门要错开,不要在一条直线上;门应为滑动推拉门,以减少空气直接流动。朝南或朝北一面,最好安装双层固定式玻璃窗,通气窗开设在接种室门上方的天花板上,窗口用多层纱布和棉花盖好,有条件的最好安装空气过滤器。接种操作室内工作台的上方及缓冲室的中央,均应装置紫外线灭菌灯及照明用的日光灯各1个,灯的高度以离地2米为宜。

（2）超净工作台　超净工作台（图2-5-5）是一种以空气过滤去除杂菌孢子和灰尘颗粒而达到净化空气的装置。空气过滤的气流形式有平流式和直流式，规格有单人操作机和双人操作机2种。它是由工作台、过滤器、风机、静压箱和支承体等组成。室内空气经过滤器的高效过滤除尘洁净后，以垂直或水平流状态通过操作区，由于空气没有涡流，故任何一点灰尘或附着在灰尘上的细菌，都能被排除，不易向别处扩散转移，使操作区保持既无尘又无菌的环境。操作方便、有效可靠，无消毒药剂对人体的危害，占地面积小，可移动，是目前比较先进的接种设备。由于工作台面积小，而且价格较贵，过滤器还需定期清洗，仅适用于实验室或小批量生产。

图2-5-5　超净工作台

（3）接种箱　接种箱又叫无菌箱，规格和形状较多，生产中一般都采用木质结构（图2-5-6）。常见的木制接种箱的规格箱体长大约143厘米，宽86厘米，高159厘米，底脚高76厘米。箱的上部、前后各装有2扇能启闭的玻璃窗，窗的下部分别设有2个直径约13厘米的圆洞，两洞内的中心距为40厘米，洞口装有双层布套，操作时两人相对而坐，双手通过布套伸入箱内。箱的两侧和顶部为木板，箱顶内安装紫外线灯和日光灯各一个。制作过程应注意整个箱体结构密闭，避免接缝处漏气。接种箱的接缝处可用多用途硅酮密封胶的膏体进行密封，活动窗的固定部分加装中空橡胶密封条，密封效果更好。

图2-5-6　接种箱

接种箱的结构简单,制造容易,移动方便,易于消毒灭菌。由于人在箱外操作,气温较高时也能持续作业,适合于一般生产专业户制作原种和栽培种。

(4)紫外线灭菌灯　紫外线灭菌灯是利用辐射原理来灭菌。常用于无菌室、超净工作台、接种箱及接种缓冲室的完全净化。

(5)接种工具　接种工具是指分离和移接菌种的专用工具,式样很多。用于菌种分离,母种制作和转接母种的工具,因大多在试管斜面和平板培养基上操作,一般是用细小的不锈钢丝制成。而用于原种的栽培和转接的工具,因固体培养基比较粗糙紧密,故一般是用比较粗大的不锈钢丝制成。

4)培养设备

(1)培养箱　生产中常用电热恒温培养箱。该培养箱采用电加热,自动控制温度(图2-5-7)。主要用于培育母种和少量原种。

图2-5-7　电热恒温培养箱

(2)培养室　指培养菌种的场所,要求干净、干燥、通风、保温、光线暗。一般民房都可作为培养室,多少和大小由生产菌种的规模而定。培养室内放置菌种架,菌种架可用角铁焊制,或用竹木搭建。最好是水泥地面,便于清洁。

5)液体菌种培养设备

(1)摇床　亦称摇瓶机,有往复式摇床和旋转式摇床2种。

(2)自动化液体菌种培养罐　自动化液体菌种培养罐是液体菌种最理想的生产设备。近几年,这种设备在生产中推广普及比较迅速,国内有不少的专业生产厂家。目前这类设备的生产技术成熟、质量稳定、推广应用前景看好。SSW-60B型自动化液体菌种培养罐(图2-5-8),培养容积60升,有效容积42升,性能优越,实用性强,操作简单,价格低廉,适合中小规模生产厂家及专业户使用。

图 2-5-8　SSW-60B 型自动化液体菌种培养罐

6）其他设备　生产菌种还需一些其他的设备，如保存菌种的电冰箱、小型冷库等。机械设备有拌料机、粉碎机、装袋机等。

（三）白灵菇母种的分离

白灵菇母种的分离方法有单孢分离法、多孢分离法和组织分离法。单孢分离法技术比较复杂，实际生产中常用组织分离法。

1）组织分离法　组织分离法是通过白灵菇的菇体组织分离培养而获得纯菌种的方法。该方法操作方便，菌丝萌发快，后代不易发生变异，遗传性状稳定。目前生产中这种分离方法应用最为普遍。

（1）种菇选择　利用组织分离培育白灵菇菌种，种菇的选择一定要慎重。如选择某个品种时，要选择能代表该品种原有遗传特性的白灵菇个体，以长势好、菇形完整、色泽适中、刚进入成熟初期为标准（图 2-5-9）。

图 2-5-9　种菇选择及表面消毒

（2）种菇的处理与消毒　将挑选好的白灵菇去掉杂质，放置 1~2 小时，使菇体失去过多的水分。菇体含水量太大时，不易分离成功。用 75% 乙醇对白灵菇子实体进行表面消毒。

（3）分离与移接　将分离用的小刀和接种针在酒精灯焰上灼烧至发红，冷却后用小刀把白灵菇菌盖割开，在菌褶与菌柄交接处挑取绿豆大小的菌肉组织，迅速放入母种培养基斜面的中间部位（图 2-5-10 和图 2-5-11）。

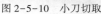
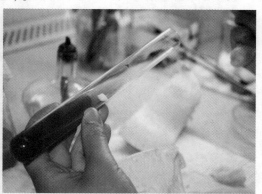

图 2-5-10　小刀切取　　　　　　　　　图 2-5-11　菌肉组织转接入培养基

（4）菌丝培养　将接过白灵菇组织块的试管放入 25℃ 左右恒温培养箱中，白灵菇组织块经过 2~3 天即可萌发出白色的菌丝，继续生长 3~5 天，挑选菌丝生长健壮、浓密洁白、长势旺盛、无杂菌污染的试管，再进行转接，菌丝满管后，就得到了所要白灵菇的母种。

（5）培育菌丝　一支母种可扩接 30~40 支试管，转接完毕后，10 支试管捆成 1 把，用记号笔或玻璃铅笔在试管上标明品种名称及接种日期，或贴上印制好的标签，倾斜30°角放入恒温培养箱中培育菌丝（图 2-5-12）。控制温度在 25℃ 左右，2 天后即可见到菌种块上萌发新的白灵菇菌丝，7~10 天菌丝就可长满试管（图 2-5-13）。

图 2-5-12　菌丝萌发及培育　　　　　　　图 2-5-13　长满试管的母种

（四）原种和栽培种生产

白灵菇的母种菌丝体转接到棉籽壳、玉米芯、麦粒或其他营养物质配制好的培养料上，制成的菌种叫作原种。白灵菇的原种再转接到相同的或不同的培养基上进行扩大培养，就可得到栽培种。

1. 培养基的配方

1）棉籽壳培养基　棉籽壳 100 千克，生石灰 1 千克，石膏 1 千克。料水比 1:(1.2~1.3)。

2）玉米芯培养基　玉米芯 100 千克，石膏 1 千克，生石灰 1 千克。料水比 1:(1.2~1.3)。

3）麦粒培养基　麦粒 100 千克，碳酸钙 1 千克，生石灰 1 千克，糖 1 千克。麦粒用水浸泡 10~12 小时，煮熟晾干后加入辅料（图 2-5-14）。

图 2-5-14　加入辅料的麦粒培养基

2. 容器选择　白灵菇原种常用的玻璃瓶有 750 毫升标准菌种瓶。高压灭菌多采用聚丙烯原料的塑料袋，这种塑料袋可耐高温 130℃，规格一般宽 15~17 厘米、长 33~35 厘米，厚度 0.04~0.05 毫米。常压灭菌多采用高密度聚乙烯塑料袋，袋子规格与聚丙烯相同。

3. 培养基配制　将配好的培养料加水后充分拌匀，菌袋或菌种瓶洗净控干后装入适量的培养料，棉籽壳或玉米芯培养料装至瓶肩处，用专用工具将料面压平压实，将瓶外壁擦拭干净。用药用盐水瓶装麦粒时，装量以瓶的 1/2 或 2/3 为宜，过多则灭菌后麦粒不易摇匀（图 2-5-15）。装好料的菌种瓶用棉花将瓶口塞上，注意棉塞要将瓶口塞紧（图 2-5-16）。没有棉花时可用两层报纸外加一层耐高温的聚丙烯塑料膜封口。

图 2-5-15　原种装瓶

图 2-5-16　原种瓶封口

栽培种的培养料与原种基本相同,为了培育出活力旺盛的白灵菇栽培种,在栽培种培养料中常加入一定量的营养物质,一般加入 0.2% 尿素或 5% 麦麸。

4. 灭菌

1)高压蒸汽灭菌 在 0.15 兆帕的压力下保持 60～100 分,将培养料中的各种杂菌彻底杀死。棉籽壳及玉米芯料一般要求灭菌 60～70 分,麦粒菌种灭菌则需 90～120 分。

2)常压蒸汽灭菌 常压灭菌锅内温度达到 100℃,保持 8～12 小时,麦粒菌种的灭菌时间要相应延长。制作麦料菌种时,不宜采用常压灭菌方法。常压灭菌锅的种类很多,如图 2-5-17 为用废油桶加工的蒸汽发生器,生产中应用较多。

图 2-5-17 废油桶蒸汽发生器

常压灭菌锅的使用和操作要注意以下的操作规程:

第一,装锅时注意锅内瓶子的摆放方式,菌种瓶摆放不宜太密实,要留出一定的空隙,保证热蒸汽通畅流动。

第二,加足水量,封闭好锅门,开始时用大火猛烧,尽量在 4 小时内使锅体内温度达到 100℃。

第三,当常压灭菌灶体内温度达到 100℃后,可适当降低火力,使灶体内温度始终保持在 98～102℃。注意补水,防止烧干锅。一次加水不宜太多,应少量多次,防止一次加水过多而降低灶内温度。

第四,灭菌时间到达后,停止加热,利用余热再封闭一段时间,灶体内温度降至 40℃左右时,再打开锅门,冷却至自然温度后再出锅。

栽培种培养料加水拌匀后,将裁好的塑料袋一端折叠一部分,在另一端装入培养料,装至塑料袋剩 5 厘米左右时,用力将料面压平压实,用细绳或尼龙草扎成活结,翻转塑料袋再装另一端,装好后将袋口扎好。

栽培种灭菌方法与原种相同,注意菌袋在锅内摆放宜疏松,保证蒸汽通畅,灭菌时间比菌种瓶要适当延长。

5. 接种与培菌　灭过菌的菌种瓶和菌袋应放在干净的室内,利用接种箱或接种室进行接种。原种的制作一般都利用接种箱接种。接种后在瓶或袋上标明菌种名称和生产日期。

1)接种箱的消毒　将冷却好的菌种瓶或袋移放在接种箱内,要转接的白灵菇母种、原种及所需物品、工具也要放入箱内,有条件的先打开紫外线杀菌灯,再用甲醛和高锰酸钾混合熏蒸消毒 30 分,或用气雾消毒剂熏蒸 30 分。

2)转接　接种操作时先将手及工具用 75%乙醇棉球反复涂擦消毒,点燃酒精灯,接种工具在灯焰上方灼烧,冷却后伸入母种试管内,将母种斜面划成 4~5 小块,斜面上端 1 厘米左右的薄菌丝弃之不用。用左手握母种试管,右手拿接种工具,右手小手指和手掌拔掉棉塞,在酒精灯焰附近快速将母种块移入菌种瓶内,使母种块上培养基与瓶内料面接触,快速将棉塞在灯焰上过一下塞入瓶口。接种过程尽量减少菌种瓶口暴露的时间,防止杂菌侵入。

栽培种采用两端接种,每瓶原种可扩接栽培种 20~25 袋。接种后在袋上标明菌种名称和生产日期。

3)培育菌丝　一箱原种接完后,打开接种箱门,让甲醛气体挥发掉,移出接过种的原种瓶,在瓶壁贴上标有菌种名称、生产日期的标签,移入培养室竖直摆放在菌种培养架上。培养菌丝期间要求培养室干燥、黑暗、通风良好、温度在 20~26℃。一般接种 3 天后母种块就会萌发,7~8 天菌丝开始吃料生长,25~35 天白灵菇菌丝就可长满原种瓶。培养期间要注意观察菌丝生长情况,发现杂菌感染要及时挑出并做妥善处理。

接种好的栽培种袋及时移入培养室,平放在菌种架上或地面上,堆放层数不宜太高(图 2-5-18)。保证培养室通风良好、干净、干燥、室温保持在 20~26℃,经常观察菌丝生长发育情况,发现杂菌及时挑出处理。

图 2-5-18　栽培种培育

示提心核

白灵菇菌种质量的优劣，直接影响栽培的成败和产量的高低，优质的菌种是实现高产稳产的基础，因此在制种和使用时要特别注意菌种的质量。

1. 菌种质量鉴别的常用方法　白灵菇菌丝在母种培养基上呈白色绒毛状，优质的母种菌丝洁白、浓密、粗壮有力，大部分品种都有较旺盛的气生菌丝。健壮的白灵菇母种7~10天即可满管，在冰箱内4℃温度下可保存3个月。若试管内培养基萎缩、干燥、菌丝退化，则表明存放期太长，已不能使用。

2. 原种质量鉴别的简单方法　正常的白灵菇原种菌丝浓密，粗壮有力，在菌种瓶上端可见到母种的培养基块，菌丝生长均匀，无杂色。如果菌丝稀疏、发灰，并夹杂有红、绿、黄、黑等色斑，则表明菌丝已感染杂菌，就不能再使用。若瓶内大量出现白灵菇原基，则表明菌龄较长，也不能正常使用。

3. 栽培种质量鉴别的简单方法　白灵菇的栽培种从外观看菌丝洁白，浓密，无其他颜色，菌丝相互交结密实，菌袋较硬。菌袋出现有红、绿、黄、黑、灰等颜色，表明栽培种受杂菌感染。菌袋松软，失水严重，或出菇过多，则表明菌丝已老化，不能再做栽培种使用。

六、栽培原料的选择与配制

　　根据当地的资源优势，合理选择主料和辅料，并选用科学配方，是生产者降低生产成本、提高经济效益的有效方法之一。

（一）主要原材料与辅助原材料的选择

栽培原材料选择的原则是既要满足白灵菇对营养的需求,又要符合当地的生产习惯,如当地资源丰富、容易购买等。

能够栽培白灵菇的原材料较多,木屑、棉籽壳、玉米芯、麦秸、稻草、豆秸、花生壳、棉柴秆等以及大部分作物秸秆和工业的副产品都可用作原材料。不同原材料的理化性质和营养成分不同,致使菌丝对营养的吸收和利用也不同,有些原材料需进行科学合理的调配才能满足白灵菇菌丝和子实体生长的需要。

（二）培养料配方

常用的几个配方如下：

①棉籽壳 100 千克,麸皮 10 千克,磷酸二氢钾 0.1 千克,尿素 0.2 千克,酵母粉 0.1 千克,生石灰 3 千克。料水比为 1 : (1.1~1.3)。

②玉米芯 100 千克,麸皮 15 千克,尿素 0.2 千克,磷酸二氢钾 0.1 千克,酵母粉 0.1 千克,生石灰 5 千克。料水比为 1 : 1.4。

③玉米芯 50 千克,棉籽壳 50 千克,麸皮 10 千克,尿素 0.2 千克,磷酸二氢钾 0.3 千克,石膏 1 千克,生石灰 3 千克。料水比为 1 : 1.25。

（三）培养料配制

1. 直接拌料　按不同配方称量主料和辅料,再按一定比例称量水,先把不溶于水的原料混合均匀,再把可溶于水的辅料拌匀加入水中,料与水拌匀,调节酸碱度,料吸水充分,有条件时最好使用拌料机进行拌料。

2. 发酵处理　堆闷发酵是将原料加水混拌均匀后堆积在一起,利用原料内微生物类产生的热量,使原料堆内的温度升高,一般在 60℃ 以上,保持一段时间,杀死原料内的杂菌和害虫的虫卵,从而达到净化原料的目的。

具体操作方法为:主料及辅料加水拌匀,依据原料的多少堆成圆锥形或长梯形,高度一般在 1 米左右,用塑料膜将料堆覆盖严密,气温在 15℃ 以上时,堆闷一天,原料堆内的温度即可达到 60℃ 以上。第二天即可翻堆一次,将外面的原料翻入中间,中间的原料翻到外面,缺水时再喷淋少量水,使原料保持一定的含水量,整理好堆形,重新覆盖好塑料膜。第四天和第六天各翻堆一次,使原料充分发酵。一般情况下,发酵 6~8 天即可,气温较低时可适当延长发酵时间。发酵好的棉籽壳原料散开堆后可见到大量的白色或灰白色绒毛块,并散发出大量的热气,原料内没有酸臭味。发酵好的原料,散开冷却,检验原料的含水量状况,调整原料酸碱度(图 2-6-1 和图 2-6-2),调适宜后即可开始装袋栽培。

图 2-6-1　酸碱度测定

图 2-6-2　酸碱度比对

示提心核

1. 培养料辅料要符合配方要求。
2. 拌料要均匀。
3. 严格控制含水量。
4. 酸碱度应适宜。

七、白灵菇高产栽培技术 -------------------- ◆

白灵菇高产的秘诀在于选好生产季节，用好菌种，选用高产配方，同时做好发菌、后熟、出菇管理等工作。

玉米芯和棉籽壳都是种植白灵菇非常好的原材料。玉米芯价格常年维持在200~400元/吨，购买玉米芯，自己用粉碎机加工，成本很低，单原料一项就节省了不少开支。菌种也是我自己做的。下面我就详细介绍一下从原料到采收的整个过程。

（一）菌袋制作

1. 装袋 原料配方为玉米芯300千克，棉籽壳100千克，麸皮90千克，石灰5千克。料水比1:1.4。按不同配方称量好主料和辅料，再按一定比例称量水，先把不溶于水的原料混合均匀，再把可溶于水的辅料拌匀加入水中，料与水拌匀，调节酸碱度，料吸水充分，有条件时最好使用拌料机进行拌料。

手工装袋时，先将菌袋一端折叠少许，一手提起菌袋边缘，另一手装料，边装料边用手压实，注意防止手指顶破塑料膜；一端装好后，用尼龙绳或细绳扎好，捆扎不宜太松或太紧，且只宜系活结。而后旋转菌袋，再将另一端整理好，留足袋口长度，确保接种顺利，而后将袋口扎成活结；装袋要松紧适宜，防止袋内培养料过松或过实，适宜标准为用手轻压菌袋，指感有弹性。

2. 灭菌 装袋后及时灭菌。外界气温高于20℃时装袋后不能超过6小时。菌袋在摆放时应注意摆放合理，留出适当的空隙，保证热空气扩散和流动通畅。灭菌保温仓密封应严实，防止漏气。常压灭菌时，灭菌前期旺火猛攻，灭菌保温仓内在4小时内温度上升到100℃。灭菌期内保持温度不低于95℃。灭菌保持足够时间，通常温度上升到100℃应保持12小时以上。

3. 接种 菌袋灭菌结束后利用自然温度进行冷却。采用接种箱接种。一般紫外线消毒30~60分，消毒剂消毒常为20~30分，每瓶菌种转扩15~20个生产袋。

第一次对接种设备消毒，应在接种前24小时进行，消毒方法宜用药剂喷雾法或福尔马林-高锰酸钾氧化熏蒸法。而在料袋进入接种设备内再次消毒时，应在接种前1小时进行，通常选用低毒、刺激性小、安全高效的消毒剂，消毒方法不宜采用化学药剂喷雾法，防止增加湿度，可采用气雾消毒剂点燃熏蒸法。连续接种时，除第一批次需二次消毒外，其余批次可待菌袋进入接种设备内后消毒一次即可。

当菌袋温降至30℃时，在接种室或接种箱内打开袋口，在无菌操作下从两端或一端接入菌种，接种量为培养料的10%。

4. 菌丝培养 接种后的菌袋应立即运送到已进行病虫害预防、干燥、通风、光线暗的发菌室（棚）中培养发菌。塑料大棚内摆放，应先在地面撒少量石灰粉，然后呈南北走向摆放。气温在20℃以上摆放一般不超过4层，每两排之间留50~60厘米的操作通道。气温低时摆放层数可以适当加高。接种后，温度控制在22~26℃，以促进菌丝健壮迅速生长，一般35~40天即可长满菌袋。要求发菌环境黑暗或微光，空气相对湿度在70%以下。经常通风换气，保持氧气充足。气温高时可以在早晚通风，雨天少通风。

5. 菌丝后熟 发菌完成后，应对菌袋进行后熟培养。后熟期一般在30~60天，不同品种后熟期稍有差异。后熟结束后，菌袋上表面和肩处有乳白色的薄薄的菌皮，菌丝浓密、洁白，手触有坚实感。当菌袋出现较多原基时，即开口催蕾出菇。

（二）出菇管理

1. 催蕾 后熟结束后，培养基表面有原基出现，菇蕾逐步形成，此时应进行催蕾管理。把菌袋解开，松动袋口并扭拧。开口后用接种锄搔掉菌种块及种块周围直径3厘米的老菌膜，其他部位不要搔动。菌袋开口后，环境温度日最高温度18℃，日最低温度0℃条件下，温差12℃以上，以刺激菇蕾形成。可白天阳光强时段掀去部分草帘，增加温度，晚上将草帘掀去降温，增大温差。菌袋开口后，向菇棚空间、地面喷水，使菇棚相对湿度达到80%~85%，保持菌袋料面湿润，促使原基分化成子实体。一般经10~12天管理可形成菇蕾。当菌袋开口后，注意适当加强菇棚通风换气，一般先喷水后通风，保持菇棚中二氧化碳含量不超过0.1%。可只掀去遮阳网，不去棚膜，在600勒的散射光照下，菇蕾形成快。

2. 疏蕾 当白灵菇原基长至花生仁大小时，可进行疏蕾。菌袋两头一边留一个幼菇，留大菌蕾，去小菌蕾；留健壮菌蕾，去生长势较弱的蕾；留菌盖大的菌蕾，去柄长的菌蕾；留菇形圆整的菌蕾，去长条形菌蕾；留无斑点无伤痕的菌蕾；留直接在料面上长出的菌蕾，去掉在菌种块上形成的菌蕾。疏蕾用的工具注意在每个菌袋疏蕾过后，用75%乙醇消毒一次，以免细菌性病害的交叉感染，疏蕾工具不能碰伤保留的菌蕾及菌蕾基部的菌丝；每个袋疏蕾后要剪去菌袋两头多余的塑料并按原来菌袋的位置摆放好。

当幼蕾长至鸡蛋大小时，要把菌袋口挽起。向菇棚空间、地面喷水，使菇棚相对湿度达到80%~90%，保持菌袋料面湿润。注意适当加强菇棚通风换气，保持氧气充足。确保菇体色泽鲜亮。

3. 菇体发育期 菌蕾发育至鸡蛋大小后，发育加快，此时应维持空气相对湿度在85%~90%。常采用地面洒水或者对空间喷雾等办法增加菇棚空气相对湿度。喷水时不要直接向菇体喷水。菇体发育期，温度应在8~17℃为宜，不能低于5℃或高于20℃。常通过加厚窗帘或调节膜上的草帘及通风控制温度，甚至可以加温。必须加强通风，每天2~3次，每次30分。亦可常开窗扇，或撩起菇棚下部棚膜，确保空气清新，但风不可直吹菇体，以防变色萎缩。

白灵菇子实体生长需要一定的散射光，光照强度在400勒以上时，子实体膨大顺利，菇体硕大而洁白。可通过草帘控制光照，一般白天隔一个掀开一个草帘，棚内光照即可满足要求。

（三）采收包装

白灵菇采收前一天应停止喷水并适当通风降湿。其他正常管理即可。

白灵菇的子实体在八成熟时采收较适宜。采菇后第一步要先将菇体上附带的杂质去除干净，如菌盖上泥土、杂草，菌柄上黏附的培养料等。分好级后最好用周转筐盛放，若气温较低也可用塑料袋存放（图2-7-1），搬运至温度较低的房间或冷库，使菇体温度尽快降低，以抑制其呼吸作用的进行。预冷处理10~15小时后用塑料袋盛装，一般每袋5千克或10千克。外销的鲜菇应及时外运，不能外运的应移入保鲜冷库中短期储存。

图 2-7-1　塑料袋包装

　　包装一般用食品级泡沫箱,一般每箱装 5 千克,箱口用塑料胶带封口。白灵菇用原纸(不含荧光剂)包装,在箱内要摆放整齐,菌褶朝下,空余空间要用包装纸填塞。

　　(四)二茬菇的管理

　　一茬菇采收后,及时清理基料表面,除去残菇、碎菇及菌皮等杂物,搔动表面菌丝,整平。料面清理后,停水养菌,加强通风,把温度调至 22～26℃,遮光培养,以适应菌丝的生长与重新积累养分,让菌丝体复壮,养菌时间 7 天左右。若菌袋失水较多,菌袋含水量低于 50%,可用连续喷重水 2～3 天,浸泡、注水等措施,对菌袋进行补水。补水后,沥去菌袋多余水分,摆放到适宜出菇位置,大通风 1～2 天,使基料表面收缩,防止发霉。

　　养菌、补水结束后,再度进行催蕾。适宜条件下,10～15 天,第二批菇蕾出现。若条件允许,在出过一茬菇的菌袋原基处重新开口、催蕾,可以提前现蕾 5 天左右。按前述方法管理,二茬菇即健康成长。

八、白灵菇生产中的常见问题及有效解决窍门 ·········◆

白灵菇在生长发育过程中，尤其是子实体阶段，遇到管理不善或者环境突变，子实体容易出现各种病害和虫害。本节重点介绍白灵菇出菇期的病害和虫害。

（一）出菇期常见的问题及防治

1.白灵菇生理性病害　指白灵菇在生长发育过程中,不属于病原微生物的侵染而得病,是由不良环境影响而导致的发育不正常的现象。

1）菌丝徒长　指白灵菇的发菌期菌丝持续生长,浓密成团,结成菌块,形成一层又白又厚的菌皮,过多消耗培养料内的水分和养分,影响菌丝正常的呼吸,妨碍子实体原基的分化和生长,不能形成子实体。

发生原因:培养料内营养过于丰富,添加营养成分过量;发菌期温度过高,缺少温差刺激,菌丝难以由营养生长向生殖生长转化;选用菌种温型不对,或菌种自身有问题等。

防治方法:降温增湿,增加菇房温差,抑制菌丝生长,促进子实体分化。菌皮过厚的,用刀片纵横划破菌皮,重喷水,加大通风量,可有利于子实体的形成。

2）菌盖发育不全　子实体在生长过程中因温度、通风等因素使菌盖发育不完全,外形呈条状、面包状、蛋状等形状（图2-8-1和图2-8-2）。

图 2-8-1　面包状畸形菇

图 2-8-2　蛋状畸形菇

3）长柄菇　白灵菇子实体分化和发育不协调,柄长,菌盖不发育或发育不良,菇形长柄高脚(图2-8-3)。

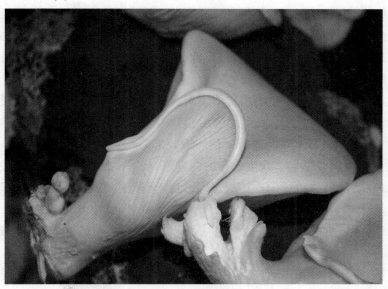

图2-8-3　长柄菇

发生原因:菇房通风不良,供氧不足,二氧化碳浓度过高,光照量小,温度偏高。

防治方法:适当增加散射光线,加强通风,降低温度。

4）菇体萎缩　子实体分化后,幼菇逐渐停止生长,变黄萎缩,有的枯死,有的腐烂(图2-8-4)。

图2-8-4　萎缩菇

发生原因:形成原基过多,营养供应不足,部分小菇蕾死亡;高温高湿,菇房通风不良,二氧化碳浓度过高,幼菇闷死;施用农药引起药害,幼菇萎缩死亡。

防治方法:加强菇期管理,科学调控菇棚内温、湿度,加强通风管理。

2.白灵菇细菌性病害

1）白灵菇细菌性褐斑病　病菌主要危害白灵菇的表皮，而不深入到菌肉组织。在菌盖表面，病斑多出现在与菌柄相连的凹陷处，近圆形或梭形，稍凹陷，边缘整齐，表面有一薄层菌脓，单个菌盖上有几十个或上百个病斑，但不引起子实体变形或腐烂。

发生原因：覆土用的土壤有细菌，或用水不洁；菇房通风不好，空气相对湿度过大，菌盖表面长时间积水，都易导致该病的发生。

防治方法：使用清洁的水喷洒子实体表面，多注意通风，防止菌盖表面长期积水，覆土前要对用土进行消毒处理。发生此病后，可喷洒150毫克/升漂白粉溶液；用100～200国际单位的农用链霉素可起到有效的防治效果。

2）白灵菇细菌性腐烂病　发生此病的白灵菇，病害多从菌盖边缘开始发生，出现淡黄色水渍状斑状，从菌盖边缘向内扩展，然后延伸至菌柄，最后引起子实体呈淡黄色，腐烂并散发出臭味。

发生原因：不洁土壤及用水是发病的主要原因，高温高湿的环境有利于该病的发生和传播。

防治方法：春秋季易发病期注意控制菇房温、湿度，防止高温高湿。防治药剂与细菌褐斑病相同。

3）白灵菇枯萎病　枯萎病只侵染白灵菇幼小的子实体，菌盖超过2厘米以上时不易发病。染病的幼菇初期绵软，渐呈现失水状，以后变为软革质状，菇体枯萎。

发生原因：病原孢子可随风传播，病菌孢子可长期生活在土壤和病残组织上，菇房通风不良，在温度高、湿度大的条件下易发生。

防治方法：搞好出菇场地环境卫生，菌袋进入菇棚前棚内喷洒2 000倍的50%福美双水溶液；有发病史的地区在拌料时加入2 500倍的50%福美双水溶液。

加强菇房通风，防止高温高湿，采用少量多次的喷水方法。

发病初期先摘除病菇，后用500倍多菌灵溶液或700倍托布津溶液喷洒，每天喷洒1～2次；或用万消灵8～10片加水10千克连续喷洒2～3天，每天喷洒1～2次；或用120倍的"萎必治"水溶液和2 000倍的50%福美双水溶液喷洒料面，每天2次。

4）白灵菇黄斑病　感染此病的子实体分泌黄色水滴，后子实体停止生长，最后萎缩。

发生原因：出菇场地温度高，空气相对湿度在95%以上，通风不良。

防治方法：使用清洁的水喷洒子实体表面，多注意通风，发生此病后，可喷洒150毫克/升漂白粉溶液，用100～200国际单位的农用链霉素可起到有效的防治效果，用万消灵8～10片加水10千克连续喷洒2～3天，每天喷洒1～2次。

3.白灵菇枝霉菌病　表现症状：培养料表面被病菌浓密的气生菌丝覆盖，出菇少或不出菇，已形成的子实体菌柄及菌褶部位长满白色菌丝，菌柄基部呈水渍状软腐。

发生原因：病菌生活在土壤中或有机物上，覆土栽培时易发生此病。

防治方法：对覆土土壤进行消毒处理，出菇期加强通风，降低环境空气相对湿度，用500倍多菌灵溶液或700倍托布津溶液喷洒感病部位。

4.白灵菇水霉菌病　表现症状:感病初期培养料上出现白色稀疏的菌丝层,随着菌丝层加厚及孢子囊大量形成,颜色由白变成橘黄,菌丝交织成丝网状,下面的培养料变黑湿腐,白灵菇菌丝消失。

发生原因:病菌生活在水中或潮湿有机物上,培养料含水量过高和出菇场地阴暗潮湿时易发生。

防治方法:控制培养料含水量,加强通风,降低环境空气相对湿度。

5.白灵菇农药中毒病　表现症状:子实体畸形或不出菇。

发生原因:防治害虫时使用农药浓度过大或用量过多。

防治方法:使用高效低毒的农药品种。

(二)白灵菇常见害虫与防治

危害白灵菇的有害小动物种类较多,危害较重的主要是一些昆虫类、螨类、线虫及蛞蝓等。这些害虫随着生产规模的扩大而日趋严重,有些害虫群集发生时,危害非常大,轻者造成减产,严重者可造成毁灭性损失。因此,了解危害白灵菇害虫的种类和防治方法,对于预防虫害的发生,提高栽培成功率,增加种菇效益,具有重要的意义。

1.菇蚊类

1)眼菌蚊　眼菌蚊是我国白灵菇生产区发生比较普遍的一种害虫的优势种。

形态特征:成虫体长2~3毫米,黑色或褐色,有一对发达的复眼在头顶延伸并左右相接,触角丝状,有一对膜质前翅,翅长2~3毫米,三对足细长。卵椭圆形,乳白色,表面光滑,单生或成堆生,孵化前头部变黑。幼虫长筒形,无足,头黑色,胸及腹部乳白色或透明,幼虫体长0.6毫米,老熟时5~5.5毫米。

眼菌蚊在13~20℃温度时,一年可发生多代。20~23℃,完成一代只需20天。眼菌蚊成虫对白灵菇菌丝和子实体不产生危害,主要是幼虫蛀食子实体和菌丝,幼虫在老菌袋中发展更快,也喜欢在腐烂和潮湿的环境下生活。

2)瘿蚊　瘿蚊与菌蚊相比,成虫微小细弱,体长1~1.1毫米,头胸部黑色,腹部和足为橙色。幼虫纺锤形,无色,体为白色、淡黄色,透明,具有有性繁殖和无性繁殖2种繁殖方式,幼虫体长1.4~1.5毫米,老熟时体长2.9~3.5毫米。

瘿蚊适宜生长温度为8~37℃,培养料含水量大时易发生,含水量少时则不易生长。

3)粪蚊　粪蚊体长2.5毫米左右,体深褐色,胸部大而隆起,腹部圆筒形。幼虫长筒形,头部明显,长7毫米左右。

粪蚊喜欢在培养料内钻蛀,温度较高时易发生。

防治方法:菇蚊多发生在高温期,老菇房或环境不良的地方易发生和蔓延。防治菇蚊要做好以下几方面的工作。

①杜绝虫源,保持清洁。旧菇房使用前用500倍的敌敌畏药液喷洒。门窗和通气孔加装纱网。

②菌袋内少量发生菇蚊时,可注射500倍的敌敌畏药液闷杀。

③菇期大量发生虫害时,等采完菇后,在菇房内喷洒3 000倍的高效氯氰菊酯溶液。

④虫量较大时,可用水浸杀死幼虫,也可配制一定浓度的杀虫剂药浸泡菌袋,或用

磷化铝密闭熏蒸(0.2片/米³)24~48小时。

2. 菇蝇类

1)果蝇　成虫体长3~4毫米,体浅黄色。幼虫无足,蛆形,老熟幼虫黄色,无明显头部,长7~10毫米,幼虫成活期6~9天,成虫5~8天。

2)粪蝇　成虫体黑色,幼虫白色,蛆形,头部不明显,体长4毫米左右。气温16℃以上成虫活跃,在24℃时完成一代需14天。

粪蝇幼虫危害白灵菇的菌丝和子实体,能使菌丝衰退,侵害子实体后,使白灵菇枯萎、腐烂。

3)扁足蝇　成虫黑色,头大。幼虫短粗而扁平,体周围有刺状突起,头和胸多弯向腹面。扁足蝇危害白灵菇菌丝和子实体。

防治方法:

①成虫具有趋光性,夜晚可用灯光诱杀。也可取一些烂果放入盘中,加入少量敌敌畏药液诱杀。

②培养料使用前晒干,或进行发酵处理,发酵时可加入0.1%的敌敌畏或0.1%的灭幼脲3号拌料。

③搞好菇房内卫生,采菇后清理干净残菇。

④菇期发生严重虫害时,喷洒3 000倍高效氯氰菊酯溶液防治。

⑤菌袋内虫害严重时,使用磷化铝密闭熏蒸48小时。

3. 菇螨　又叫菌虱、红蜘蛛,是一类微小的昆虫。体长0.2~0.6毫米,体色多样,虫体的头胸腹分化不明显。螨类害虫危害白灵菇的菌丝和子实体。咬食菌丝,使菌丝衰退,严重时能把大部分菌丝吃光。幼虫咬食子实体,在白灵菇菌盖表面形成不规则的褐色凹斑点。螨虫还可传播其他病菌。

防治方法:

①搞好环境卫生,菇房、培养室使用前喷洒敌敌畏。

②搞好培养料灭螨,杜绝螨害来源。

③认真检验菌种,保证菌种不带螨害。

④生料栽培时用0.2%的敌敌畏闷杀。

⑤发现螨虫后,用20%的哒螨酮粉剂2 000倍药液喷雾,或用1 500倍的浏阳霉素药液喷雾。

⑥1%食醋、5%糖水和10%敌敌畏混合拌入麦麸中制成毒饵,撒在受害的菌袋旁边,进行诱杀。

4. 线虫　线虫体小,体长1毫米左右或更小,细线状,危害白灵菇的菌丝和子实体。线虫繁殖较快,具有吸盘,吸取菌丝中的养分,造成菌丝和子实体死亡。

防治方法:

①播种前将培养料用敌敌畏闷杀。

②喷洒80毫克/升硫化锌水溶液进行杀虫。

③菇房使用前用磷化铝熏蒸72小时。

白灵菇 种植能手谈经

5.蛞蝓 又名蜒蚰、鼻涕虫、软蛭。蛞蝓伸长时 30~60 毫米,宽 4~6 毫米,虫体前端较宽,后端暗灰色,分泌黏液,其爬行过的地方留有白色痕迹。

蛞蝓一年四季均能对白灵菇产生危害,春秋季最重。蛞蝓平时潜伏在阴暗潮湿的地方,夜晚或阴天出来寻食,主要咬食白灵菇的子实体,将菌盖和菌柄咬成缺口或穿孔,影响白灵菇的品质,并引起病菌感染。

防治方法:

①用 1%的食盐水喷洒驱除。

②21:00~22:00 人工捕捉。

③菇房周围撒石灰、食盐、碱面。

④用 1%茶子饼溶液喷洒防治。

6.鼠类 鼠类对白灵菇生产危害也较大,主要危害培养料和菌丝。鼠类虽然不直接以菌丝和子实体为食,但由于其独特的生活习性,危害时咬破塑料袋,破坏菌丝生长,严重时将大批菌袋咬破,使栽培受到严重危害。

防治方法:

①培养室墙壁、地面、窗户要封闭严密,若有鼠洞,要及时用水泥填补。

②在菇房、培养室放置无公害的灭鼠药剂。

③尽量不用鼠类爱吃的麦粒及玉米粒制作栽培种。

白灵菇 种植能手谈经

下篇

专家点评

种植能手的实践经验十分丰富，所谈之"经"对指导生产作用明显，但由于其自身所处工作和生活环境的特殊性，具有明显的地方特色。为了让广大读者更全面、更深层次地了解白灵菇的栽培技术，特邀请行业专家针对种植能手所谈之"经"进行解读和点评。

点评专家代表简介

　　孔维威,男,1981年出生。博士,博士后,副研究员,荷兰瓦赫宁根大学访问学者。现在河南省农业科学院植物营养与资源环境研究所食用菌研究开发中心工作,国家食用菌产业技术体系郑州综合试验站和河南省食用菌产业技术体系首席专家团队骨干成员,河南省食用菌协会理事,河南省食用菌产业技术创新战略联盟秘书长。主要从事食用菌品种选育、栽培技术、生理生化机制等研究,主持和参与各级项目20多项。发表文章30余篇(SCI论文6篇),出版专著1部。获得河南省科技进步二、三等奖各1项。

下篇　专家点评

白
灵
菇
种植能手谈经

专家点评

一、关于栽培场地的选择问题 ----------------- ◆

白灵菇在生产过程中,生产用水和环境空气质量
是否达标,直接影响白灵菇的生长和产量。

（一）栽培场地的环境要求

按无公害食用菌生产的环境要求，出菇场所应符合以下要求：

①场地环境条件符合无公害农产品产地环境的要求标准，周边地区无污染源，如土壤、空气、水源，没有受到"三废"的污染。

②出菇场地 300 米内没有大型动物饲养场或其他污染源。

③远离干线公路 100 米以上，交通便利、场地平坦、取水方便。

④场地内部清洁、卫生，具有保温、保湿、通风良好的性能。

⑤场地设施牢固，具有抗大风、抗大雨、抗大雪等不良自然灾害的能力。

（二）无公害生产的环境要求

无公害食用菌生产的环境要求如表 3-1-1、表 3-1-2、表 3-1-3。

表 3-1-1　无公害白灵菇生产用水各种污染物指标

项目	指标
pH	5.5~8.5
总汞（毫克/升）	≤0.001
总镉（毫克/升）	≤0.005
总砷（毫克/升）	≤0.05
总铅（毫克/升）	≤0.1
六价铬（毫克/升）	≤0.1
氟化物（毫克/升）	≤2.0
粪大肠菌群（个/升）	≤10 000

表 3-1-2　无公害白灵菇产地空气中各项污染物的指标要求

项目（毫克/升）		指标	
		日平均	小时平均
总悬浮颗粒物（ISP）	≤	0.30 / 0.15	— / 0.5
二氧化硫（SO_2）	≤	0.10	0.15
氮氧化物（NO_2）	≤	7 毫克/米³	20 毫克/米³

项目 （毫克/升）	指标	
	日平均	小时 平均
氟化物（F）　　≤	1.8毫克/（分米^2·天） （挂片法）	

表 3-1-3　无公害食用菌环境空气质量要求

项目	标准
悬浮颗粒	GB/T 15432—1995（2018）
二氧化硫	GB/T 15262—1994
二氧化氮	GB/T 15435—1995
氟化物	GB/T 15434—1995

白灵菇 种植能手谈经

二、关于配套设施利用问题

　　白灵菇栽培设施多种多样,生产者应该根据当地特点,设计建造出实用的栽培设施。

　　随着人工成本的迅猛增加和工厂化栽培的发展,机械设备引入白灵菇的生产过程,必是大势所趋。

　　机械化、自动化、智能化是食用菌产业发展的方向,白灵菇生产也是一样。

　　顺应白灵菇生产发展的机械设备在不断推出,设备性能也在不断提高。

　　白灵菇生产者可以根据生产规模、生产需要、经济实力等选用相应机械设备。

知识链接

白灵菇 种植能手谈经

　　前面种植能手详细介绍了几种常见的白灵菇栽培场所。目前国内菇房的建造不断升级，工厂化菇房、高标准控温菇房逐渐发展起来，生产者可以根据自己的实际情况选择白灵菇的生产设施。

（一）常用的食用菌栽培设施

1. 专用菇房建造　专用菇房的设计与建造应考虑建筑的通风、保温等重要环节，可以采用砖混结构内贴保温板或墙体内夹层添加保温材料（图3-2-1）。设计建造时应找专业厂家，以保证质量和使用效果。

图 3-2-1　专用菇房

2. 标准厂房建造　目前大型的专业化工厂的出菇房多采用专用冷库板作为墙体材料，结构采用钢构形式（图3-2-2和图3-2-3）。建造时应找专业机构设计施工。

图 3-2-2　钢构出菇房温控系统

图 3-2-3　钢构出菇房内部

（二）原材料加工设备

秸秆粉碎机　可粉碎玉米秆、麦秸、花生皮、豆秆、棉花秆等能燃烧的农作物废料秆,配用动力3~5千瓦,产量50~120千克/小时(图3-2-4)。

图3-2-4　秸秆粉碎机

（三）原料搅拌设备

过腹式拌料机及料槽式拌料机除用于原种及栽培种培养料搅拌混合外,还广泛用于白灵菇其他培养料的搅拌混合。生产上常用的原料搅拌设备还有:

1.食用菌自动拌料机　本机采用机电一体化,设有前进挡装置,整体结构紧凑、操作灵活简便;该机拌料省时省力,速度极快,一人操作即可。其拌料特点:原料就地堆积好后,机器通过料耙把原料送入喂料口,再通过离心风轮加速抛出出料口,经过三道运料工序使得原料搅拌更加均匀一致(图3-2-5)。

图3-2-5　食用菌自动拌料机

2.JB-40型原料搅拌机　采用多叶式螺旋结构,一边搅拌,一边向前推料,连续作业。设计合理,经济实用,生产效率高。输入功率2.2千瓦/220伏,生产效率500千克/小时,外形尺寸0.96米×0.6米×1.03米(图3-2-6)。

图 3-2-6　JB-40 型原料搅拌机

3. 全自动配料搅拌装袋生产线　采用计算机控制,装载机上料,从原料配制、加水、搅拌到装入菌袋完全实现了自动化。特别是原料配制、加水等工序,只要将配方或比例输入计算机,各种原料就会按照配方自动完成原料配制。与现有机械相比,具有高效、科学、自动化程度高等特点。每小时装袋 2 000~10 000 袋,根据生产规模,可对所配置的装袋数量进行增减。单独用于原料配制和混合搅拌时,每小时可生产 1~10 吨。输入功率 79 千瓦/380 伏,外形尺寸 18 米×3.5 米×4.7 米(图 3-2-7)。

图 3-2-7　全自动配料搅拌装袋生产线

4. 试验用小型拌料机　配备 3 千瓦(额定转速 1 440 转/分)的电机。可向料斗内投入干料 35~45 千克,同时按设计水分含量加水,搅拌均匀后,一次性倒出混合后的培养料。此拌料机可有效控制培养料含水量,还可按需求加工成较大规格的料斗(图 3-2-8)。

图 3-2-8　试验用小型拌料机

（四）装袋设备

白灵菇装袋设备多种多样，生产上可根据生产规模、菌袋大小等选用相应功率及型号的装袋机。目前食用菌机械设备生产厂家已开发出多种半自动化的装袋设备，这里简要介绍几种功能较先进的装袋机。

1.多功能冲压装袋机　常见型号有 ZD15-22A、B、C 型，YG15-22A、B、C 型等，如图 3-2-9。该机是一种适用于规模化栽培食用菌的装袋设备，其性能稳定，所装袋料表面平整、装料均匀、高度一致，中间打有锥孔。经更换套筒和附件，可装折径规格为 15 厘米、17 厘米、20 厘米、22 厘米的食用菌栽培袋。装袋高度可调，A 型 12~22 厘米、B 型 25~32 厘米、C 型 35~42 厘米。输入功率 3 千瓦/380 伏，生产效率 1 000 袋/小时。

图 3-2-9　多功能冲压装袋机

2.JD-3 型食用菌装袋机（图 3-2-10）　该机为抱筒搅龙结构，组合式设计，是传统装袋机和冲压式自动装袋机的结合物，采用传感器控制技术，装袋长度5~58厘米,范围可自由调整,松紧度可自由调整,操作简便,特别适合长袋作业。输入功率2.2千瓦/220伏,生产效率300~600袋/小时。

图3-2-10　JD-3型食用菌装袋机

3. YX-130B型卧式止涨装袋机(图3-2-11)　该机为抱筒搅龙结构,采用机电一体化设计,数字化控制;装袋长短虚实一致,并可随意调节;自动推料、打孔压实一次完成,较大程度上节省人力、缩短工时,使得工作效率大大提高,是目前较为理想的装袋机械。输入功率3千瓦/(220~380)伏,生产效率900~1 000袋/小时。

图3-2-11　YX-130B型卧式止涨装袋机

4. ZD-C型多功能自动装袋机　采用液压系统控制,虚实、长短可调;该机自动推料、打孔、落袋一次完成;装袋长度25~50厘米,更换套筒可装宽度为15~26厘米菌袋,具有省时省力、装袋迅速等优点。输入功率2.2千瓦/220伏,生产效率600~800袋/小时(图3-2-12)。

图 3-2-12 ZD-C 型多功能自动装袋机

(五)灭菌设备

灭菌设备分高压蒸汽灭菌锅和常压蒸汽灭菌灶两大类。生产上料袋灭菌以常压灭菌为主,目前各地已开发出多种方便实用的常压灭菌设备。白灵菇生产除可选用菌种制作所用灭菌设备外,还可根据生产规模、条件等选用以下常压灭菌设备。

1. 开放式船形灭菌灶 该灶的灭菌原理是:将待灭菌料袋直接装入常压蒸汽灭菌灶中进行灭菌。这种灭菌灶是制造一个装水的灶体,在灶体上排码料袋,覆盖塑料薄膜进行灭菌。具有装卸料袋方便、灭菌结束后冷却快等优点。灶体用钢板制作,灶体长 4~4.5 米,宽 1.8 米,高 0.6 米。底层钢板厚 0.5~0.8 厘米,四周钢板厚 0.3~0.4 厘米。在距底部 0.4 米处设置横隔支架,横隔支架用铁管或槽钢制作,间隔 0.3 米排放 1 根,在中央用直立铁管或槽钢支撑。在一侧安装 1 个进水管或直接从灶体上部加水。在灶体的下部或侧壁安装排水管及阀门。灶体四边设置平台,平台与灶体呈 45°倾斜,宽为 0.4 米。在灶体四周内壁焊接 1 排短铁管,间隔 0.3 米 1 个,用于竖直高为 1.5 米的铁管。另外,在平台下方焊接铁钩,用于拴绳。灶体下方设置灶膛,一边设置烟囱,可用煤或柴作燃料。装袋灭菌时,在灶内装 20~30 厘米的水。在铁管或槽钢上排放木板或竹扒,四周直立 1.5 米高的铁管,料袋直接码放在木板或竹扒上。料袋码好后,要使顶部料袋高于铁管并呈龟背形,最后用塑料薄膜及帆布等保温材料覆盖,四周平台上用沙袋压紧塑料薄膜,要求压紧压实。然后用绳纵横交错捆绑好,防止蒸汽掀开薄膜。由于水分循环利用,灭菌中间不用补水。该灭菌灶每次灭菌可装 15 厘米×55 厘米的菌袋 3 000~4 000 袋(图 3-2-13)。

图 3-2-13　开放式船形灭菌灶

2.外源蒸汽式灭菌灶　该灶的灭菌原理是：采用蒸汽锅炉或汽油桶等作为蒸汽发生源，将蒸汽通入堆码好并且用塑料薄膜包裹的料袋内，也可将蒸汽通入砖砌灭菌室内，保持温度在100℃左右进行灭菌。具体方法是：首先铺设灭菌底座，可在地面上铺1~2层塑料薄膜，薄膜上铺1~3层砖，砖块之间留有缝隙，便于蒸汽顺畅流动，或者铺1~2层砖，然后在其上铺木板、竹扒等。耐高温蒸汽管道一端放置于灭菌底座中部，另一端连接蒸汽发生源。灭菌底座铺设完毕后，在其上将料袋整齐地堆码起来，堆码料袋时，注意每批料袋之间要留有缝隙，便于蒸汽流动，同时，在灭菌垛中下部位置放置耐高温数显式温度表探头，便于掌握灭菌垛温度情况。料袋堆码后，在其上覆盖塑料薄膜和帆布等保温层，四周用沙袋压实，防止蒸汽大量排出。灭菌时，前期要大火猛攻，使垛内中下部温度快速升到100℃左右，并保持14~16小时(图3-2-14)。

图 3-2-14　外源蒸汽式灭菌灶

（六）接种设备

生产能手前面介绍了生产中常用的接种箱、超净工作台等接种设备，实际生产中还用到了以下几种接种设备。

1. **层流罩** 层流罩广泛应用于需要局部净化的区域。实验室、生物制药、光电产业、微电子、硬盘制造等领域。层流罩具有高洁净度、可连接成装配生产线、低噪声、可移动等优点。近年来，食用菌接种广泛采用百级层流罩接种，有效地提高了接种成品率。

2. **臭氧消毒杀菌机** 臭氧消毒杀菌机是利用雷击放电产生臭氧的原理，以空气为原料，采用沿面陡变放电技术释放高浓度臭氧，而臭氧是目前已知最强的氧化剂之一，在一定浓度下，可迅速杀灭水中及空气中的各种有害细菌，没有任何有毒残留，不会形成二次污染，是世界上公认的一种广谱效杀菌消毒剂，其化学性质特别活泼，被誉为"最清洁的氧化剂和消毒剂"。臭氧具有很强的杀菌效果，有研究表明，臭氧可在5分内杀死99%以上的繁殖体。

3. **简易接种棚** 参考接种室的结构、功能，利用塑料薄膜封闭一空间，地面为光滑地板或铺上塑料薄膜，棚内空间及料袋消毒后，在棚内接种。如临时塑料接种棚、接种帐、在塑料大棚内临时隔离的较小封闭空间等。

4. **JZX-A型接种生产线** 该线采用层流罩空气净化系统和不锈钢链条机构输送料袋，适应于规模化栽培食用菌的接种操作，可供多人同时接种，具有接种效率高、杂菌污染少、工作环境好等特点。洁净度与性能同超净工作台。层流罩和输送机长度可根据用户要求定做。输入功率2千瓦/380伏，外形尺寸7米×2米×1.1米（图3-2-15）。

图3-2-15　JZX-A型接种生产线

5. 接种工具 主要有接种匙、接种刀、接种锄、接种环、接种针、接种镊、接种铲、打孔锥(用于装料后在料面上打接种孔)、袋栽接种器(用于菌种接入培养料内的工具)等。上述工具大部分都可自己加工,最普通的制作材料是自行车钢条或力车钢条,有条件的最好采用不锈钢丝或镍合金钢丝制作。

6. 接种用品 主要有酒精灯、试管、菌种瓶架、培养皿或小碟、解剖刀、棉塞、火柴、标签以及胶布(用于贴封接种口)、温度计和湿度计(用于测量温、湿度)以及消毒药品等。

（七）菌袋培养设备

1. 照明设备 白灵菇菌丝培养不需要光线,培养室内仅需要安装照明工作灯和1~2盏移动手持工作灯。

2. 控温设备 为保证菌丝正常生长所需要的温度,培养室内必须安装控温设备进行加温或降温。主要有空调、制冷机组、风扇等,空调是常用的控温设备。

3. 培养架 又称床架,主要用来放置培养菌种或菌袋。设置时一般用竹木结构,有条件的可用钢筋、水泥结构,每层用短木作横枕,铺上细竹竿或者木条、木板即可。床架层数一般根据培养室(或栽培室)内空间高度,以4~5层较多。层间距一般40~50厘米,最下层离地面30厘米以上,最上层距屋顶1米左右,床架宽度1.5~1.6米。

4. 培养场所 培养场所主要指培养室,除此之外,还可以搭建简易培养棚或在出菇棚、塑料大棚、菇房等场所内发菌,也可在接种室内直接培养发菌。培养场所要求干燥,不潮湿,能调节通风量,门窗完好,开关自如。在使用之前,要杀菌灭虫,常用甲醛熏蒸或用0.25%新洁尔灭喷雾杀菌,同时也要喷杀虫剂杀灭害虫,最好用磷化铝熏蒸杀虫。若培养室易受潮,可先在地面上铺一层塑料膜或干稻草除湿。

5. 专用杀虫灯 产品详细参数如下:额定功率8瓦,电源电压85~265伏,外形尺寸18毫米×37毫米,电源频率50~60赫兹,有效范围60~80米^2。杀虫灯采用仿生原理制作出特殊紫外线波段将蚊子吸引过来,再利用超静音风扇把蚊子吸进装置内风干致死,在整个过程中不利用高压放电,不产生氮氧化合物,不对环境造成二次污染。

（八）出菇设备

1. 出菇架 采用架式栽培时,需用出菇架,根据材质不同,分为钢式结构、竹木结构、水泥混凝土结构等多种(图3-2-16)。根据层架上摆袋方式不同,层间距及层架宽度也不同,可根据菌袋大小、长短、出菇方式、栽培习惯等进行设计,总体要求是操作方便、利于通风。也可以利用培养架进行出菇。

图 3-2-16　钢制出菇架

　　2. 雾化喷水设备　白灵菇出菇环境要求保持85%~95%的空气相对湿度,且不允许直接往菇体上喷水。使用雾化喷水设备可以满足白灵菇子实体不同发育阶段对空气相对湿度的需求。自动雾化系统启动后,菇房空间即可形成雾状,3~5分即可完成菇房的喷水工作,并且可以结合通风换气同时启动雾化系统,有效地解决通风和保湿的矛盾。菇房雾化喷水设备采用悬挂式,主要部件是折射喷头或旋转喷头、毛管、支管、主管以及各种连接配件等。雾化喷水系统用水量仅占普通喷水用量的40%~50%,一般每350~400米^{2}的大棚,投资在1 000元左右(图3-2-17)。

图 3-2-17　雾化喷水设备

　　雾化喷水系统由五个部分组成:水源、雾化喷水管、喷头、微压装置、定时装置。

　　雾化管的种类多种多样,按照移动方式可分为:固定式管道和移动式管道。食用菌种植大棚采用固定式管道。固定式管道按照材质可分为钢管、铸铁管、塑料管;食用菌种植采用塑料管,塑料管又分为聚氯乙烯管(PVC管)、聚乙烯管(PE 管),这两种材质在食用菌大棚均可应用。

管子内径规格 6~12 毫米,管子壁厚度 0.5~1.0 毫米,管子上设计有规律性微孔。

雾化喷水管有微孔设计和无孔设计 2 种,均可在食用菌大棚应用。其优劣性如下:

1)有微孔设计　管子上设计有微孔的可以直接安装在有压力的容器上进行自动喷雾,这种管子的优点是价格便宜,安装方便。最大的缺点是对水质有要求严格,否则水质中的沙粒和杂质容易使管子上的微孔堵塞,使用寿命缩短。

2)无孔设计　使用管子上没有微孔的管子,在管子上等距离地安装喷头,为了喷水时喷头雾化得更好,使用的管子尽可能细一些,管子壁要厚一点,因为管子越细,容易使管内的压力增大,压力越大需要管子壁越厚,同时水压越大,雾化的效果也越好。

雾化喷水的喷头有很多种,如单喷头、多喷头。吊挂高度可以任意调节,喷头吊得越高,辐射面越大,效果会更好。要求较高的喷头有防滴漏装置。单喷头适合面积较小的出菇大棚,多喷头喷洒面积较大,适合 600 米²以上种植密度较大的菇棚,种植食用菌的大棚最好选用加装防滴漏的喷头,防治多余水分滴漏到子实体表面,形成水渍斑点,影响子实体性状。最终目的达到雾化要细且均匀,水雾要能面面俱到。

喷水管子直接安装在常压的小抽水泵上,雾化喷水的效果差,要达到雾化的效果好,必须配置相应压力容器。压力容器的大小和价格,要根据每个棚的面积以及各品种的需水量不同来决定,可以选择小的压力罐,也可以选择深井泵等容器增加水压。一般要求工作压力达到 0.8-1.0-1.2 千帕三档。

定时装置可以把喷水的时间预先设定好。通过自编程序控制,每天可启动多次雾化系统喷雾,每次喷雾时间 1 分至几个小时可调。在无人值班的情况下,能够实现日控或周控循环。根据不同食用菌品种所需用水的不同进行具体设定,到时间会自动开启,使雾化喷水实现了自动化管理。

另外,喷水时还要做到活学活用,灵活机动。可以根据自身大棚面积大小和压力容器的压力大小,让大棚内的喷水分段喷水、定时定量喷水等。

采用雾化喷水系统,节水保湿、增产增效、节省人力、调温防病。

3. 智能出菇箱　科研教学单位进行少量出菇试验时,可选用智能出菇箱。该类出菇箱可自动调控温度、湿度、二氧化碳含量及光照。如 CG-406

型智能出菇箱输入功率180瓦/220伏,外形尺寸890毫米×548毫米×1840毫米。

(九)产品保鲜设备与装备

保鲜设备主要有冰箱和小型冷库。控制温度2~5℃,可保鲜白灵菇3~5天。

1. 小型冷库　在小型冷库中控温保鲜是白灵菇的主要保鲜方法。冷库的主要装备有冷库保温板料、风冷机组、蒸发器、冷库门以及电控箱、紫铜管、制冷剂、保温管、电磁阀、膨胀阀等。常用保温板料采用双面彩钢板聚氨酯10厘米厚冷库板,机组及蒸发器功率可根据冷库体积进行选择。白灵菇生产与保鲜单位建造冷库时,可委托有制冷设备建造经验及资质的单位建造。一般每立方米冷库建造费用约800元(图3-2-18)。

图 3-2-18　小型冷库

2. 电冰箱　少量白灵菇保鲜可存放于家用电冰箱中。

(十)栽培场地的消毒

栽培场地通常采用以下方法进行消毒。

1. 紫外线照射法　在400~500米^{2}的塑料大棚内,利用8~10支30瓦的紫外线灯照射30~60分。

2. 化学药剂喷洒法　利用高效无毒或低毒的化学药剂,如克霉王、克霉灵、金星消毒液等消毒药品,配制200~300倍的溶液对大棚喷洒2~3次。

3. 化学药剂熏蒸法　1米^{3}空间使用气雾消毒剂3~5克或者必洁士2~3片,密闭2~3天;在大棚内喷洒杀虫、杀螨药剂。这些消毒工作应在菌袋进棚前2~3天进行。

诚告家行

采用雾化喷水系统,可以节水保湿、增产增效、节省人力、调温防病。

白灵菇 种植能手谈经

三、关于栽培季节的确定问题 ----------------------◆

　　白灵菇生产时期的确定,通常指栽培时间的确定。

　　我国自然气候差异明显,不同区域白灵菇开始栽培的时间差异巨大,应选择合适的季节进行白灵菇生产。

白灵菇的栽培时间,主要是根据其菌丝的生长和子实体发育的温度,选择适宜的自然季节来进行栽培管理。目前我国白灵菇生产还是以自然季节栽培为主。因此,科学合理地安排好制种时间和栽培季节显得至关重要。只有使出菇阶段的温度保持在 6~20℃ ,才能达到白灵菇优质高产的目的。我国地域辽阔,在同一季节因地区不同而气候各异,特别是南北气候相差悬殊,所以生产时间的选择与安排应根据品种特性,生产目的、生产条件和生产区域,按照市场的需求变化,做到因地制宜,合理安排。

（一）根据品种特性

白灵菇属于低温菌类,出菇温度要求较低。不同品种对温度的要求以及抗病性、抗杂性的不同,在栽培时间上有一定差异。有的品种温度适应范围广,抗病、抗杂能力较强,自然条件栽培秋季可以提前半个月。河南省安阳地区一般于 8 月中旬制作栽培袋,11 月初出菇。这样可以充分利用菌丝生长要求温度较高的自身属性,于秋季温度较高时制栽培袋,出菇时则达到适宜温度,产出高品质产品。

（二）根据产品用途

白灵菇产品可分为鲜销、加工两大类。依据产品用途的不同,来确定栽培合适时期。鲜销的产品因受气候、消费习惯、运输等因素的影响,以低温季节消费为主,特别是中国的节日消费,白灵菇出菇日期应与消费旺季相一致,制袋日期根据气候栽培和节日适当安排,如以供应春节市场为主,可在 9 月下旬或 10 月生产菌袋。产品以加工为主生产白灵菇,则必须满足加工需求,保证加工期内每天都有成品菇,故要求有较大的种植面积、合理的栽培茬次、较好的栽培设施等。

（三）根据生产条件

不同的生产条件对白灵菇生产的出菇和产品质量的影响非常大。因白灵菇生产必须满足其低温出菇要求,所以在没有调控温度设施的自然条件下栽培,豫北地区一般于 9 月中旬制栽培袋,翌年 4 月出菇结束。随着白灵菇生产机械化、智能化程度的提高,液体菌种等先进技术的应用,白灵菇工厂化生产已经成为一种趋势,通过人工调节小环境气温进行周年生产白灵菇,可满足加工和鲜食消费。液体菌种发菌快,生长均匀,可相应地缩短生产周期 70 天左右。可以实行发菌、出菇两场制,较高温度、较简易条件下发菌,菌袋在有空调设施环境出菇,尽可能缩短在出菇场内占用的周期,降低生产成本,提高经济效益。

（四）根据生产区域

1. 中原地区　全年可安排两次栽培。第一次栽培以 8 月中旬至 10 月上旬制袋,11 月下旬至翌年 4 月上旬为出菇期。因 8 月中下旬该地区自然气温一般在 20~25℃,比较适合白灵菇菌丝生长。进入 11 月下旬至 12 月上旬,自然气温逐渐下降到 20℃以下,日最低温可达 10℃以下,适合出菇的温度要求。第二次栽培可于 12 月至翌年 1 月上旬制袋。采用室内加温培养菌袋,一般室温保持在 16~20℃菌丝就能正常发育。于春季 2~3 月自然气温回升到 10℃左右,即可适时出菇。此时昼夜温差大,正好能满足白灵菇的低温要求。第二次栽培,只有在 1 月上旬制袋结束,才能保证在较低温度条件下正常出菇并获得高产。春季气温不太稳定,如遇短期高温,将对白灵菇的产量和质量造成不利影响。中原地区每年同期气温有较大差异,具体栽培季节菇农可根据当地情况,科学合理的安排,为白灵菇的丰产增收创造条件。

2. 北方地区　以华北地区为例,全年可安排两次栽培。第一次栽培以 8 月中旬至 10 月上旬制袋,10 月下旬至翌年 5 月上旬为出菇期。因 9 月中下旬该地区自然气温一般在 20~25℃,正适合白灵菇菌丝生长。进入 10 月下旬至 11 月下旬,自然气温逐渐下降到 20℃以下,正适合出菇的温度要求。第二次栽培可于 12 月至翌年 1 月上旬制袋。采用室内加温培养菌袋,一般室温保持在 16~18℃菌丝就能正常发育。于春季 2~3 月自然气温回升到 10℃左右,即可适时出菇。此时昼夜温差大,正好能满足白灵菇的低温抑制要求。第二次栽培,只有在 1 月上旬制袋结束,才能保证在较低温度条件下正常出菇并获得高产。春季气温不太稳定,如遇短期高温,将对白灵菇的产量和质量造成不利影响。北方气候差距较大,具体栽培季节菇农可根据当地情况,科学合理的安排,为白灵菇的丰产增收创造条件。

3. 南方地区　南方地区冬季时间短,春季气温回升快,白灵菇生产可安排在 10 月至 11 月初制袋接种。此时自然气温在 25℃左右,菌丝可正常生长发育。12 月下旬至翌年 3 月为出菇期。因南方地区气候各异白灵菇的生产安排不相同。其中江苏、浙江、湖南、湖北等地 12 月中旬就可出菇,翌年 4 月中旬可结束栽培。而福建、广东一带往往在 11 月中旬气温尚在 20℃以上,所以必须在 12 月底至翌年 1 月初栽培方能正常出菇。春季气温偏高,清明节后气温回升较快,因此以 3 月底左右结束出菇较为适宜。

白灵菇 种植能手谈经

近年来,随着白灵菇生产的迅速发展,有些栽培者为获得更高的利润,北方在8月初,南方在9月初,就开始制袋栽培,希望能早日出菇(9~10月)而获得高价格。但因此时自然气温较高,菌袋污染严重,成功率低,造成生产成本提高。同时,因气温尚未降到适宜出菇温度,提前开袋也不能正常出菇。即使开袋后偶遇到短时气温偏低,菇蕾可以形成,但此时气温波动较大,一旦回升到20℃以上,正常生长的子实体容易枯萎死亡甚至腐烂,从而导致霉菌、虫害大量发生,造成菌袋大面积报废。即使采取降温措施,往往收效甚微,侥幸出来产品,产量也很低。

在白灵菇的主产区,部分生产者利用冷库等设施提前生产,春季4~6月制作菌袋,利用自然气温发菌,菌丝满袋后在冷库存放,7~9月低温越夏,10月中旬开始移到塑料大棚内出菇,比秋季栽培提前2个月开始出菇,产品价格较高,效益比较突出。

近几年多地都建有工厂化生产食用菌的设施,这些工厂具有调控出菇场地温度的设备,可以实现周年生产。

四、关于优良品种的选择利用和差异问题 ------------◆

白灵菇品种的选择,应根据不同区域的消费习惯和生产目的来确定。我国不同地区的消费习惯差异较大。子实体形状、品种耐温性、菇质硬度、组织疏松度、适宜栽培模式等均是品种选择的依据。

下篇 专家点评

（一）白灵菇品种的分类

1．温型分类 白灵菇品种按子实体分化与生长的适宜温度划分为低温型、中温型、广温型3类。

1）低温型品种 这类品种适宜的出菇温度为5～15℃。这类品种的菇质比较细嫩，风味鲜美，品质优良。

2）中温型品种 这类品种适宜的出菇温度为8～20℃。这类品种大多呈白色，生产性状优良。

3）广温型品种 这类品种适宜的出菇温度为10～25℃。这类品种的适应性较强，但子实体商品性状和内在质量不太好。

2．子实体形状分类 白灵菇按子实体的外形可以分为贝壳形、手掌形、马蹄形、长柄形等几大类。

1）贝壳形品种（图3-4-1） 菌盖洁白，光亮度较高，菌盖圆整，平展度高，菌褶排列整齐，菌盖厚度1～3厘米，菌柄较短，菌盖与菌柄的变化区域明显，菌褶较长。

图3-4-1 贝壳形子实体

2）手掌形品种（图3-4-2） 菌盖洁白，光亮度较好，菌盖圆整，平展度高，菌褶排列比较整齐，菌盖厚度2～5厘米，菌柄较短，菌盖与菌柄的变化区域不明显，菌褶比贝壳形品种的较短。

图 3-4-2　手掌形子实体

3）马蹄形品种（图 3-4-3）　菌盖洁白，光亮度一般，菌盖圆整，平展度高，菌褶排列整齐，菌盖厚度 3~5 厘米，菌盖与菌柄的变化区域基本没有，菌褶较短。

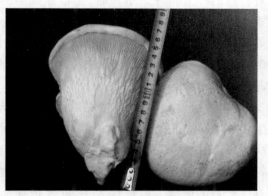

图 3-4-3　马蹄形子实体

4）长柄形品种（图 3-4-4）　菌盖洁白，光亮度一般，菌盖不规则，平展度较差，菌褶排列比较整齐，菌盖厚度 1~3 厘米，菌柄较长，菌盖与菌柄的变化区域明显。

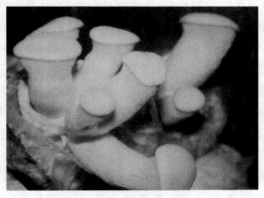

图 3-4-4　长柄形子实体

（二）白灵菇优良品种的界定

1. 生产性状　广温型品种因其生长适宜温度广，生产季节相对较长，管理要求相对较宽，因此更适宜推广。此外后熟期短的品种也是非常好的品种。

2. 商品性状　菇盖白色、光洁、无异色斑点，菇形端正、一致，有内卷边的品种较好。

（三）菌种引进与选择

1. 引种原则　能否引进符合当地气候、资源特点的优质菌种，是栽培成败的关键，因此在引种中应坚持以下几个原则：

1）把握好菌种来源　由于食用菌菌种是无性繁殖体，管理难度较大，造成当前菌种市场相对于其他作物的种子来说，还不规范，因此引种时，一定要到正规的菌种生产单位、科研单位及大专院校进行引进，保证良好的种源。

2）选好合适的种植品种　引种时，要根据栽培的区域、季节、原料、产品销售方式、市场要求等各方面的情况进行综合考虑。

3）做好检疫　从境外引进食用菌种质资源（包括长有菌丝体的栽培基质及用于菌种分离的子实体），应当依法检疫，避免有害生物带入境内。

2. 种源选择

1）根据品种特性选择　品种是食用菌种植的基础，品种本身性能的优劣对整个生长过程影响很大，每个品种都有自己的特点，各个品种对温度要求以及抗病性、抗杂性都不尽相同。要种好白灵菇，就必须了解品种特性，根据品种特性选择自己需要的品种，不要盲目引种种植。

2）根据生产目的选择　以鲜食为主，就要选择那种形态较好、颜色较白、耐储性较好的品种；以盐渍或者切片为主，就可以考虑产量很高的品种。

3）根据生产条件选择　不同的种植群体，具有不同的生产条件，条件不一样，种植时间、种植季节也不一样，有的一季只种一茬，有的一季种植多茬；品种本身有耐低温品种，也有耐高温品种；有喜光性品种，也有弱光性品种；有抗逆性好的品种，也有抗逆性差的品种；总之，各个品种间都有不同的差异，根据生产条件、种植周期选择不同的品种，更有利于获得高产，更有利于一季多茬种植，提高种植效率。

4）根据生产区域选择　不同的生产区域有不同的消费者，不同的消费者有不同的消费习惯，例如白灵菇品种本身有不同形状。另外不同品种的品质也不完全相同，种植时应结合当地消费习惯、消费层次选择品种，以满足不同的消费者，做到适销对路，以获得更高的经济效益。

5）根据菌株的优良性状选择　优良的菌种应满足以下条件：

①菌株菌丝生长旺盛，抗杂能力强，栽培成功率高。

②菌株产量高,抗逆性好,容易达到稳产高产。

③菌株菇质结实,货架期长,商品性状好。

④菌株适应性好,适合多种培养料种植,便于推广应用。

在选择种源时,还要严格检查菌种质量,优良的菌种概括起来有以下特点:"纯、正、壮、润、香"。"纯"是指菌种纯度高,无杂菌污染,无抑制线,无"退菌""断菌"等现象;"正"是指菌丝无异常,具有亲本特征,如菌丝透明、有光泽、生长整齐、连接成块、具有弹性等;"壮"是指菌丝粗壮、生长势旺盛、分枝多而密,在培养基上萌发、定植、蔓延速度快;"润"是指菌种基质湿润,无干缩、松散现象;"香"是指具有该品种特有的香味,无霉变、腥臭、酸败气味。

3. 种源鉴定 引种后,要对菌种进行菌丝阶段和子实体阶段的试验,以验证种源的准确性。

4. 种源扩繁原则 引进菌种时,应先购买少量的母种、原种菌种,经扩大繁殖后,选择其优良菌种生产栽培种。

在菌种的扩繁过程中,要本着尽量减少扩繁代数的原则,引进的母种最多只能扩繁2次母种,严禁原种扩繁原种,栽培种扩繁栽培种。

菌种质量的好坏,直接关系到栽培的成败及产量的高低。自制或外购的栽培种,一定要选择优良而无杂菌的适龄菌种(即菌丝长满料后5~7天的菌种)。这种菌种生活力强,生长快,接种后菌丝能很快控制料面,可抑制其他杂菌的发生。

（四）白灵菇优良品种简介

1. 中农1号（国品认菌2007042）

1）选育单位 中国农业科学院农业资源与农业区划研究所。

2）品种来源 通过新疆木垒地区的野生菌种1个亲本的多孢杂交育成。

3）认定意见 2007年经审核,该品种符合国家食用菌品种认定标准,通过认定。

4）特征特性 子实体色泽洁白,菌盖贴贝状,平均厚4.5厘米;长宽比约1∶1,菌柄的长宽比约1∶1,菌盖长和菌柄长之比约2.5∶1;菌柄侧生,白色,表面光滑。子实体形态的一致性高于80%。培养料适宜含水量70%;菌丝最适生长温度25~28℃;子实体分化温度5~20℃,最适10~14℃;发菌期40~50天,后熟期18~20℃下30~40天;菇蕾较集中。栽培周期为100~110天;温度高于35℃、低于5℃时,菌丝体停止生长。子实体生长快,从原基出现到采收一般7~10天。出菇的整齐度高,一茬菇一级优质菇在80%以上。基质含水量不足或高温时菇质较松。一茬菇采收后补水可以出二茬。

5）产量表现　棉籽壳为主料栽培生物学效率一茬菇为40%以上。

6）栽培技术要点　东北地区初夏至夏季接种，华北及黄河流域8～9月接种，长江流域9月中旬至10月上旬接种。以棉籽壳90%，玉米粉6%，石灰2%，石膏1%，磷酸二氢钾1%为配方栽培时，料水比1：(1.5～1.6)。喜大水环境，出菇期以环割覆土法提高料内含水量为好。料内水分充足和偏低温条件下，菇质紧密，基质含水量70%以上和≤12℃条件下生长的子实体质地紧密；栽培密度以地面≤40袋/米² 为宜。

7）适宜栽培地区　建议在我国东北、华北、黄河流域及长江流域秋冬季具10℃以上昼夜温差并持续50天以上的地区栽培。

2. 华杂13号（国品认菌2008028）

1）选育单位　华中农业大学。

2）品种来源　以白阿魏蘑1号（北京金信公司）与长柄阿魏蘑（福建三明真菌研究所）为亲本，经单孢杂交选育而成。

3）认定意见　2008年经审核，该品种符合国家食用菌品种认定标准，通过认定。

4）特征特性　菌盖扇形，白色，直径7～12厘米不等，肉较厚，菌盖厚约2.5厘米，菌褶延生，着生于菌柄部位的菌褶有时呈网格状；菌柄侧生或偏生，中等粗长，6～8厘米；菌丝生长温度以23～26℃为宜，长时间超过28℃菌丝易老化，大于30℃易烧菌；接种后70～80天出菇，出菇快，较耐高温，出菇不需冷刺激和大的温差，商品性较白阿魏蘑稍差。

5）产量表现　在适宜条件下，生物学效率为40%～60%。

6）栽培技术要点　适合用棉籽壳、木屑、玉米芯、麸皮等作培养基进行熟料栽培；湖北地区一般以9月上中旬接种为宜，11月下旬至翌年3月出菇；出菇温度控制在5～23℃为宜，有5℃以上温差刺激更易出菇；子实体一般不宜直接喷水，要求菇场空气流通，通风良好；菇蕾发生较多时，应适当疏蕾，每袋留1～2个子实体为宜。

7）适宜地区　建议在湖北、江西、安徽等南方白灵菇产区栽培，亦可在河南以北等北方地区栽培。

3. 中农翅鲍（国品认菌2008029）

1）选育单位　中国农业科学院农业资源与农业区划研究所，四川省农业科学院土壤肥料研究所。

2）品种来源　新疆木垒野生种经人工选育而成。

3）认定意见　2002年四川省农作物品种审定委员会审定，2008年经审核，该品种符合国家食用菌品种认定标准，通过认定。

4）特征特性　中低温型菌株；菌丝短细且密，菌落呈绒毛状；子实体掌状，后期外缘易出现细微暗条纹，菌褶乳白色，后期稍带粉黄色；子实体大中型，菌盖厚5厘米左右，菌盖长11.7厘米，宽10.6厘米；菌柄侧生或偏生，柄长1.1厘米，直径1.95厘米，白色，表面光滑；栽培周期为120～150天；子实体生长较缓慢，耐高温高湿性差；货架期长，质地脆嫩，口感细腻。

5）产量表现　以棉籽壳为主料的栽培条件下，一茬菇生物学效率35%～40%，二茬菇生物学效率20%～30%。

6）栽培技术要点

①熟料栽培，培养料含水量60%～65%，最适pH为5.5～6.5，碳氮比（30～40）：1。配方为棉籽壳90%，玉米粉6%，石灰2%，石膏1%，磷酸二氢钾1%。

②适期接种：东北地区6月底至8月中旬接种，华北地区8～9月接种，华中地区9月上中旬接种，长江流域9月中旬至10月上旬接种。

③发菌期需遮光，室内温度20～26℃，经常通风，10天左右翻堆一次。

④菌丝长满后，培养室温度控制在18～25℃，空气相对湿度控制在70%，给予少量散光。

⑤开袋搔菌后松扎袋口，0～13℃低温和适量光照刺激，促进原基形成。

⑥幼蕾期温度控制在8～12℃，空气相对湿度为85%～95%；子实体发育期温度控制在5～20℃，空气相对湿度为85%～95%，给予一定的散射光；当原基长至2厘米以上后开袋、疏蕾，增加光照。

⑦一茬菇采收后，养菌20～30天，注水到菌袋原重的80%左右或覆土增湿，促使二茬菇形成。

7）适宜推广地区　建议在四川等相同生态气候地区栽培。

4. KH2（国品认菌2007043）

1）选育单位　福建省三明市真菌研究所。

2）品种来源　野生阿魏蘑K002菌株驯化育成。

3）特征特性　子实体单生、双生或群生，洁白。子实体致密度均匀、中等。菌盖成熟时平展或中央下凹，直径6～12厘米；菌柄偏中生，近圆柱状，长4～8厘米，直径2～5厘米。适温下发菌期30～35天，后熟期40～45天，后熟期要求散射光照。栽培周期90～120天。原基形成需5℃以上温差刺激。菌丝体可耐受35℃高温，子实体可耐受5℃低温和24℃高温。

4）产量表现　袋料栽培条件下，生物学效率60%～80%。

5）栽培技术要点　杂木屑39%，棉籽壳39%，麸皮20%，蔗糖1%，碳酸钙1%。福建地区接种期为夏季至秋季。适温、散射光条件下培养40～45天。8～18℃催蕾，拉大日夜温差，给以散射光。菇蕾长至2～3厘米时开袋。

保持室内空气相湿度 80%~90% 及适宜温度,适宜温度下子实体生长期 10~15 天。

6)适宜地区　建议在福建、浙江、江西、安徽、江苏、河北、湖北、河南、湖南、四川、山东、上海、重庆、北京等地区栽培。

5.未进行审定的品种

1)白灵 2 号　子实体白色,菇体中等,贝壳形,菌柄白色,短柄,菌柄长度 2~4 厘米,菇体洁白品质较好。菌丝生长适温 20~28℃,子实体分化温度为 5~15℃。后熟期 30~40 天。

2)新优 3 号　子实体白色,菇体中等,贝壳形,菌柄白色,短柄,菌柄长度 2~4 厘米,菇体洁白品质较好。菌丝适宜生长温度为 22~28℃,菌丝活力强,出菇早。子实体分化温度为 5~12℃,后熟期 30~40 天。

3)天山 2 号　子实体白色,菇体中等,手掌形,菌柄白色,短柄,菌柄长度 2~4 厘米,菇体洁白品质较好。菌丝生长适温 20~28℃,子实体分化温度为 5~15℃。菌丝生长适温 22~26℃,子实体分化温度为 5~12℃,后熟期 40 天左右。

五、关于菌种制作与保藏技术应用问题

重要提示：

第一，关注优良品种，必须选择利用具备符合生产要素的、具有稳定优良遗传性状的、满足消费者各项需求的优秀种质资源。

第二，采用人工手段制造优良的菌种，也即采用人工技术制造出携带优良遗传性状物质的载体，这种载体具备扩大白灵菇生产的功能。

这个过程，就是菌种的制作生产过程。

白灵菇的菌种，看似简单的一个菌丝体扩大繁育过程，要获得真正品质优异的菌种，并不是那么容易。

白灵菇 种植能手谈经

(一)小型食用菌菌种厂的基本设施

1. 占地面积　整个场地面积不低于 2 000 米^2,其中培养室不少于 10 间。

2. 水电设施　电路设计合理,线路应该满足各种生产设备开动时的功率需要。用水方便,排水通畅。

3. 运输设备及设施　要有专用的交通工具,如汽车或农用机动车。内部具有运送原料的手推车或其他的搬运工具。

4. 生产场地　厂房包括拌料室、装瓶装袋室、灭菌室、冷却室、缓冲间、接种室、洗涤间、原料仓库等。

5. 培养室　专用培养室、菌种储存室等,室内设置菌种架,并安装加温、降温设施。

6. 出菇场地　进行简单的出菇试验,验证菌种生产性状的优劣。

(二)母种分离与培养

1. 白灵菇母种培养基的制备

1)常用培养基配方

(1)马铃薯(土豆)、葡萄糖、琼脂培养基(简称 PDA 培养基)　马铃薯(去皮)200 克,琼脂 20 克,葡萄糖 20 克,水 1 000 毫升。

(2)马铃薯综合培养基　马铃薯(去皮)200 克,葡萄糖 20 克,琼脂 20 克,磷酸二氢钾 3 克,硫酸镁 1.5 克,水 1 000 毫升。

(3)马铃薯、葡萄糖、蛋白胨、琼脂培养基
马铃薯(去皮)200 克,葡萄糖 20 克,琼脂 20 克,蛋白胨 10 克,水 1 000 毫升。

2)母种培养基的制作

①将马铃薯(土豆)去皮,称量 200 克,用小刀切成薄片(图 3-5-1 和图 3-5-2),放入锅中。锅内加水 1 300 毫升,其中 300 毫升水在煮沸过程中因蒸发而损耗。加热煮沸 20 分,使马铃薯熟而不烂为宜(图 3-5-3)。

图 3-5-1　削皮后的土豆

图 3-5-2　土豆薄片

图 3-5-3　加热煮沸

②用 4 层纱布过滤马铃薯汁液(图 3-5-4),在滤液中加入 20 克琼脂,继续加热至琼脂完全溶化。加热期间注意不断地搅拌(图 3-5-5),防止溢锅或焦底,大约需 15 分。

图 3-5-4　纱布过滤

图 3-5-5　加入琼脂条

③琼脂完全溶化后,最后加入葡萄糖、磷酸二氢钾、硫酸镁、蛋白胨等物质充分搅拌均匀,补足水分 1 000 毫升,用 2 层或 4 层纱布滤去杂质。

④趁热分装试管(图 3-5-6),因琼脂极易凝固,所以在分装过程中要注意培养液的保温。分装用的试管多采用 18 毫米×180 毫米的玻璃试管,保存用的培养基可用 20 毫米×200 毫米的试管。每管装入量为试管长度的 1/5,一般 8～10 毫升。分装时注意装量均匀,切忌有多有少,不要将培养液滴在试管口周围的管壁上(图 3-5-7)。

图 3-5-6　分装试管

图 3-5-7　分装好的试管

⑤加制棉塞(图 3-5-8),加入试管的棉塞应用较高等级的棉花,棉塞

下篇　专家点评

的大小应与试管相适宜,塞入长度占棉塞长度的 2/3,松紧度要适中,既能保证通气,又能防止污染。用手捏住棉塞,试管不能往下掉,稍用力才能将棉塞拔掉。棉塞应光滑圆润(图 3-5-9),防止大头小尾,或者没有棉塞头,否则影响后期接种操作。有条件时可以使用海绵硅胶试管塞(图 3-5-10)。

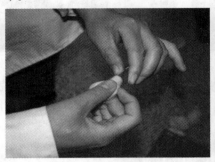

图 3-5-8 棉塞封口   图 3-5-9 棉塞形状

图 3-5-10 硅胶塞

⑥加装好棉塞的试管用小布袋分装好(图 3-5-11),上面用牛皮纸包扎好,用细绳捆紧,竖直放入手提式高压锅的内桶里(图 3-5-12)。

图 3-5-11 小布袋分装   图 3-5-12 放入灭菌锅

⑦培养基灭菌常采用手提式高压灭菌锅(图 3-5-13)。每锅可装 18 毫米×180 毫米的试管 120 支左右。放入试管后,将锅盖盖好,上锅盖的紧固螺丝时,要左右对称同时旋紧,确认密封严实为止。注意使用前一定要在锅内加足量的水。

图 3-5-13　手提式高压灭菌锅

将灭菌锅放在电炉或煤炉上加热,关闭放气阀,使灭菌锅密闭,当水沸腾后,锅内压力开始上升,当压力达到 0.04~0.05 兆帕(锅盖上的压力表有指示)时,打开放气阀,使锅内蒸汽连同冷空气一同排出,压力下降后至 0 后再排气 10~15 分,以完全将锅内冷空气排出,此时放气阀排出的蒸汽呈直线,直线长度 5~10 厘米,然后关闭放气阀。

继续加热,锅内压力不断上升,当锅内压力达到 0.15 兆帕时,锅盖上的安全阀会自动放气,安全阀的设计压力一般为 0.14~0.17 兆帕,此时锅内的温度可达 124~128℃,在此压力和温度下保持 30 分,停止加热,冷却使锅内压力下降,锅内压力降至 0 后,打开排气阀,然后小心打开锅盖,将锅盖打开一小缝,使蒸汽逸出,利用锅体的余热将棉塞烘干,防止棉塞受潮。

⑧取出装试管的小布袋,解开牛皮纸,使试管散热冷却,当培养基温度降至 60℃ 左右时,及时将试管摆成斜面。培养基温度太高时,摆成的斜面冷凝水太多,易滋生杂菌;温度太低时,培养基易于凝固,难以摆成斜面。将试管逐支摆放在桌子上的细木条上,使培养基的长度为试管总长度的 1/2 左右。摆放时注意试管的斜面要均匀一致,防止长短不一(图 3-5-14)。试管冷却一天后收起,以备母种的转扩用。收集时要使斜面向上并平放,防止试管内培养基滑动、旋转或断裂。

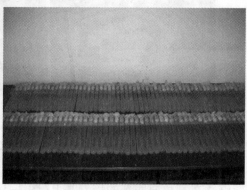

图 3-5-14　试管斜面摆放

2. 白灵菇母种的分离　白灵菇母种的分离方法有单孢分离法、多孢分离法和组织分离法。单孢分离法技术比较复杂,种植能手已经介绍了组织分离法,这里只介绍多孢分离法。

1)多孢分离法　多孢分离技术是把白灵菇的许多孢子接种于同一培养基上,使它们萌发、自由交配来获得纯菌种的方法。

(1)培养基准备　多孢分离法一般采用三角瓶分离法。在三角瓶内准备好培养基,培养基厚度一般 0.8~1.0 厘米,灭菌冷却后备用(图 3-5-15)。

图 3-5-15　灭菌培养基

(2)种菇选择　选择某一品种出菇早、朵形好、长势旺盛的白灵菇子实体,从中选择菌盖完整、接近成熟的单个菌盖。

(3)种菇消毒　在接种箱内或超净工作台上进行操作,用无菌水将白灵菇菌盖冲洗干净,再用75%乙醇将菌盖擦消毒(图 3-5-16)。

图 3-5-16　种菇消毒

(4)孢子采集　在接种箱或无菌超净工作台上无菌操作。用小剪刀将白灵菇菌盖剪成 2 厘米见方的小块(图 3-5-17),取孢子的白灵菇要有菌褶。用细铁丝将白灵菇种块悬吊在三角瓶中,使白灵菇的菌褶朝下,弹射的白灵菇孢子能够落在三角瓶底部的培养基上(图 3-5-18)。

图 3-5-17　菌块剪块　　　　　　　　图 3-5-18　菌块悬吊

（5）培养菌丝　将处理好的三角瓶置于恒温培养箱中，设置温度 26℃左右。白灵菇的子实体块会产生大量的孢子，孢子在适宜的温度下开始萌发。正常情况下 7 天左右就会见到三角瓶内的培养基上有孢子开始萌发成菌丝，当菌丝生长到一定量时，可转接到母种试管上，试管上长好的菌丝即可作为白灵菇的母种，在生产上转扩应用或保存。

（四）液体菌种的制作与应用

1. 液体菌种培养基配方

1）配方一　葡萄糖 30 克，玉米粉 10 克，磷酸二氢钾 2 克，硫酸镁 0.5 克，水 1 000 毫升，pH 自然。适用于多种食用菌的培养。

2）配方二　玉米粉 50 克，葡萄糖 20 克，磷酸二氢钾 3 克，硫酸镁 1 克，维生素 B 微量，水 1 000 毫升，pH 自然。适用于白灵菇的培养。

2. 液体菌种灭菌　将培养液装入 500 毫升三角瓶内，每瓶装 100 毫升，装入 15 粒小玻璃珠，用棉塞或牛皮纸封口（图 3-5-19），在 0.15 兆帕的压力下灭菌 30 分。灭菌结束后冷却至室温备用。

图 3-5-19　小型液体菌种装置

3. 接种　在超净工作台或接种箱内无菌操作进行接种，每瓶接入母种

1~2 小块,封好口后移入培养室进行培菌。

4. 培菌 接种后,先 24~26℃ 恒温静置培养 48 小时。当菌丝生长到培养液中时,放到往复式摇床上震荡培养,频率为 80~100 次/分,振幅 5~10 厘米。培养温度控制在 24~26℃,培养 3~4 天。确认菌丝发育良好并无污染时,进入下一生产阶段或低温保藏。

5. 液体菌种的发酵罐培养 用于液体菌种生产的有 50 升、60 升、100 升、200 升、500 升容积的专用培养器,这种设备由罐体、空气过滤器、电控设备等几部分组成。培养时先配制好培养液,在罐体内灭菌,冷却后接入液体菌种,接种量 10%,然后通入过滤后的空气,设定培养温度为 25℃,搅拌培养,速度为 180 转/分,每 12 小时取样观测 1 次,72 小时即可培养好。

6. 液体菌种质量检测

1)肉眼观测 用玻璃三角瓶盛装,培养液内的菌丝球清晰可辨,没有混浊。

2)气味观测 培养液呈糖香味,培养好的菌液有菌丝特有的芳香味,污染的菌液会发出酸、臭、酒等异味。

3)平板培养检测 取少量液体菌种接种在平板培养基上,在 25℃ 条件下培养,观察菌丝生长和污染情况。

4)显微镜检测 取少量液体菌种涂于载玻片上,在显微镜下观察菌丝情况。

7. 液体菌种的优点

①菌种生产周期短,液体菌种培养期一般为 3~7 天。

②扩代培养后发菌快、出菇早。

③接种速度快、成本低。

④适宜规模化生产。

8. 液体菌种的应用

1)培育菌种 利用液体菌种制作白灵菇的原种或栽培种。

2)培育栽培袋 利用液体菌种直接加入栽培袋内,500 克干培养料的菌袋加入 20 毫升液体菌种,可以缩短发菌时间。

9. 液体菌种的应用效益

1)菌种生产厂的应用效益 年生产 10 万瓶菌种的厂家,应用液体菌种,可以降低生产成本、提高生产效率,综合经济效益提高 5 万元以上。

2)规模化栽培厂的应用效益 年投料 20 万千克以上的栽培厂家,使用液体菌种可以降低生产成本 4 万元以上、提前出菇、提高产量、提高质量可以增加效益 3 万元,综合提高经济效益 7 万元以上。

10. 自动化液体菌种培养罐　自动化液体菌种培养罐是液体菌种最理想的生产设备，近几年这种设备在生产中推广普及比较迅速。目前国内有不少的专业生产厂家，这类设备的生产技术成熟、质量稳定，推广应用前景看好。

（五）菌种质量鉴别

1. 菌种质量鉴别的常用方法

1）直接观察　对引进或分离的菌种要做仔细的直观观察如菌丝生长是否正常（按各类食用菌菌丝特点对照），菌种是否老化，菌种中有无杂菌感染，同时还要检查瓶袋有无破损等。

2）显微镜检查　在载玻片上放 1 滴蒸馏水，然后挑取少许菌丝置水滴上，盖好盖玻片，再置于显微镜下观察。玻片也可通过染色后进行镜检。若菌丝透明，呈分枝状，有隔膜、锁状联合明显，再加上具有不同品种应有的特征，则可检验出是合格菌种。

3）观察菌丝长势　将供测的菌种接入新配制的试管斜面培养基上，在最适宜的温湿度条件下进行培养。如果菌丝生长迅速，整齐浓密，健壮有力，则表明是优良菌种；若菌丝生长缓慢，或长速特快，稀疏无力，参差不齐，易于衰老，则表明是劣质菌种。

4）耐高温测试　对一般中低温型的菌种，可先将母种试管数支置于最适温度下培养，一周后取出部分试管置 30℃ 下培养，24 小时后再放回最适温度下培养。经过这样偏高温度的处理，如果菌丝仍然健壮，旺盛生长，则表明该品种具有耐高温的优良特性；反之，若菌丝生长缓慢，且出现倒伏发黄，萎缩无力，则可认为是不良菌种。

5）吃料能力鉴定　将菌种接入最佳配方的原种培养料中，置于适宜的温、湿度条件下培养，一周后观察菌丝的生长情况。如果菌种能很快萌发，并迅速向四周和培养料中生长伸展，则说明该品种的吃料能力强；反之，则表明该品种对培养料的适应能力差。对菌种吃料能力的测定，不仅用于对菌种本身的考核，同时还可以作为对培养料选择的一种手段。

6）出菇试验　经过以上 5 个方面考核后，认为是优良菌种，则可进行扩大转管，然后取出一部分母种用于出菇试验，以鉴定菌种的实际生产能力。

（六）菌种的保藏

白灵菇菌种在生产和使用过程中，常出现退化现象。这种退化有时可通过菌种外观或子实体形态来观察，有时需在栽培过程中才能观察，如抗性变弱、子实体形成推迟、产量降低等。从一般生物学的意义上，细胞分裂周期越短，生长越快，遗传变异也越快。据日本的相关研究表明，食用菌的菌丝细胞突变率高达 1/167，因此，要想较长时间的保持优良品种的理想性状，使用过程中尽量减少其细胞生长和分裂次数应该是科学的选择。优良菌种只有在良好的条件下保藏才能保持其优良特性，否则会导致菌种死亡或优良特性的降低或丧失。

1. 菌种保藏的目的　尽可能保持其原有性状和活力的稳定，确保菌种不死亡、不变异、不被污染，以达到便于研究、交换和使用等方面的需要。

2. 菌种保藏的原理　食用菌菌种的保藏是指采取低温、干燥、饥饿、缺氧的措施，降低菌丝的新陈代谢，抑制其生命活动，使之处于休眠状态。在这样的条件下，菌种即使在较长期的保藏之后仍然保持原有的优良性状。

3. 菌种保藏的方法　菌种保藏的方法很多，如斜面低温保藏法、液态石蜡保藏法、真空冷冻干燥保藏法、载体吸附法、宿主保藏法、液氮超低温保藏法、蒸馏水保藏法、盐水或缓冲液保藏法、埋土保藏法、原种封闭保藏法、滤纸片保藏法、明胶干燥保藏法、麸皮保藏法、麦粒保藏法等。本书仅介绍几种简便实用的方法，供一般生产栽培者和单位选用。

1) 斜面低温保藏法　是目前最常用的菌种保藏方法。按常规将菌种接种于斜面培养基上，在 25℃ 左右下培养至菌丝即将长满斜面时，将棉塞换成消毒过的橡胶塞，用报纸包裹后放 1~4℃ 条件下保藏。使用前将菌种取出置适温下培养，再用于生产。采用这种保藏，菌种不易老化，生活力强，接种后萌发快，且存放时间长。其后每隔 3~6 个月重新移植一次。斜面低温保藏菌种虽然简单易行，但因试管斜面易失水变干，保藏时间较短，工作量大。

2) 液状石蜡保藏法　此法也简单易行，无须另添设备，只要在待保藏斜面上灌注一层无菌的液状石蜡即可。液状石蜡能抑制微生物代谢，推迟细胞衰老，隔绝空气，防止培养基水分蒸发，因而能延长菌种生命，从而达到保藏的目的。用该法能使保藏期达 1~2 年或更长，但最好是每隔 1~2 年移植一次。液状石蜡菌种可放置在常温下保藏，比置于冰箱内低温保藏效果更好。具体方法如下：

①选用化学纯的液状石蜡，装入三角瓶中，装量达体积的 1/3，塞好棉塞。另配上适合该三角瓶的橡皮塞，塞子的上面安装虹吸管，用纸包好。将两者于 0.14 兆帕压力下灭菌 30 分，灭菌后将液状石蜡置于 40℃ 烘箱中，使其中高压蒸汽灭菌时渗入的水分蒸发，当石蜡液变得澄清后备用。

②将灭菌后的盛有液状石蜡的三角瓶，于接种室内装上虹吸管（少量菌种也可用无菌吸管），按照无菌操作规程注入菌丝刚长好的斜面培养基内，使液面高出斜面尖端1厘米左右。灌注过多，接种时不便；灌注过少，储

藏时间长了易干涸。将原来的棉塞换成橡胶塞或硅胶塞。

③将注入液状石蜡的菌种，置于试管架上以直立形态放置于常温下保存。

④液状石蜡保藏的菌种放置于干燥场所为宜。所用液状石蜡纯度要高，杂质多易引起变质或死亡。保藏期间应定期检查，如培养基露出液面时，应及时补充无菌的液状石蜡。同时液状石蜡易燃，必须注意防火。移植菌种时因接种针带有石蜡和菌体，火焰灭菌时易飞溅、爆发，应严防感染。

⑤使用液状石蜡保藏菌种时，可不必倒去石蜡，只要用接种铲从斜面上铲取一小块菌丝即可。母种可重新封蜡继续保藏。刚从液状石蜡菌种中移去的菌丝体沾有少量矿油，生长较弱。因此，需再转扩一次，方能恢复正常。

3）木屑培养基保藏法　用 78% 阔叶树木屑、麦麸 20%、1% 糖、1% 石膏配制成食用菌培养基，加适量水后，装入试管长度的 3/4 左右，稍压紧，洗净管，塞上棉塞，用纸包好，高压灭菌后接种，适温下培养。等菌丝长满后用石蜡封闭棉塞，并包扎塑料薄膜，在 4℃ 冰箱中可保藏 1 年以上。

4）液氮超低温保藏法　液态氮超低温保藏法是目前国际上正在大力推广的一项新技术。该法是将欲保存的菌种储藏在 −193～−130℃ 的液氮罐内，由于超低温能使代谢水平降到最低水平，因此菌种基本上不发生变异。方法与步骤如下：

①将保藏用的琼脂培养基倒入无菌培养皿内制成平板，然后在平板中心接种食用菌菌丝体，在 25℃ 下培育 7～10 天。

②取直径为 5 毫米的打洞器在菌丝的近外围打取琼脂块，然后用无菌镊子将这带有菌丝体的琼脂块移入保藏安瓿瓶中。

③保藏安瓿瓶的口径约 10 毫米，内盛 0.8 毫升已经灭菌的冰冻保护剂。冰冻保护剂常用 10% 甘油或 10% 二甲基亚砜蒸馏水溶液。

④用火熔封安瓿瓶的瓶口。

⑤以每分下降 1℃ 的速度缓慢降温，直至 −35℃ 左右，使瓶内的保护剂和菌丝块冻结，然后置液氮罐中保藏。

⑥复苏培养。启用液氮超低温保藏的菌种块时，应先将安瓿瓶置于 35～40℃ 的温水中，使瓶内的冰块迅速溶解，然后再启安瓿瓶，取悬浮的菌丝块移植于适宜的培养基上活化培养。

超低温保藏效果好，操作简单，保藏时间长。但是其缺点是保藏的菌种不宜邮寄，同时还需特殊的设备液氮罐。因而，目前大部分地区还无法采用液氮保藏，中国农业科学院菌种保藏中心和上海农业科学院食用菌研究所菌种保藏中心采用该法保藏金针菇菌株，效果很好。

超低温保藏效果好,保藏时间长。但缺点是保藏的菌种不易邮寄,还需要特殊的设备液氮罐,而且液氮成本较高。

白灵菇
种植能手谈经

5)真空冷冻干燥法　真空冷冻干燥法是目前应用最先进的菌种保藏方法之一。这种方法采用真空、干燥和低温等3种手段来保藏菌种,菌种的保藏期长,10~20年仍不改变其原有特性。真空冷冻干燥保藏的基本方法是将保藏的孢子悬浮液装在特别的安瓿管内,然后骤然冷冻,并立即抽真空,使培养物以固体形态升华脱水,熔封后在低温或室温下保藏。用冷冻干燥保藏的菌种密封在安瓿管内,运输方便,也不会遭受杂菌和螨类的污染。但不足之处是不能用来保藏不长孢子的菌种,1支安瓿管也只能使用1次。1970年上海师范学院用冷冻干燥法保存了双孢蘑菇、香菇、侧耳、金针菇和银耳等5种食用菌的菌丝体和孢子,结果凡取用其菌丝体的均无存活,但孢子存活率很高,直至1978年仍有90%存活,可见用冷冻干燥法保藏食用菌孢子至少可存活8年,这种方法不适合保藏菌丝体。其方法如下:

(1)搜集孢子　用接种铲将收集的食用菌孢子铲入盛有3毫升无菌脱脂牛奶的试管中,若保藏的是银耳芽孢,则可用接种环取3满环的银耳芽孢,并稍加搅动,以制成悬浮液。

(2)装安瓿管　用长20厘米的无菌吸管将孢子悬浮液移入各安瓿管的球形部分,每管约0.2毫升,然后将管口通过火焰,再用无菌镊子镊取少许无菌棉花塞于安瓿管口。

(3)速冻　将安瓿管放入预备冻结剂内速冻2~3分,或在低温冰箱(-40~-35℃)内速冻1小时。预备冻结剂由1:1的干冰和95%的乙醇组成。乙醇最好经冰箱预冻过,使用时只要将乙醇倒入干冰中即可,这时的温度约为-70℃。

(4)减压干燥　菌种悬浮液经低温冻结后,应迅速将沾结在安瓿管上的冰水揩干(当心冻伤皮肤),并立即置于真空干燥器内抽真空。真空度由麦氏真空计测量,一般要求在抽气15分后达到13.3帕以下,并维持真空度在6.67~10.00帕,这样经6~8小时就能抽干。为防止菌种冻块在抽干过程中融化,抽干时通常将真空干燥器置于 1：3 的盐冰水内,以维持菌种块的冻结。

(5)真空熔封　菌种安瓿管经真空干燥后,应立即安接在抽气管上抽气熔封,抽气管是一个盲端多歧管。每个分歧管口装有真空橡皮管,安瓿管口就插在橡皮管内。熔封一般在真空度达到 4.00~10.00 帕时才进行,边抽气边将安瓿管颈熔封。熔封时火焰不宜过大,以免在烘熔管壁时烫伤菌体。菌种安瓿管熔封后应检查是否漏气。用电子真空枪检查时安瓿管应呈蓝色荧光。

(6)保存　菌种安瓿管经无菌检查和存活率检查合格后,可保存在 2~6℃冰箱内,保存期至少 1 年,最多 20 年。中国科学院微生物研究所经过多年试验,认为真空冷冻干燥管也可以保存在室温下,他们曾在室温波动幅度为 5~36℃的情况下,保存 236 种共 502 株丝状真菌,4.5~8 年后仍有 87.4%的存活率,与保存在冰箱内的相差无几。

(7)复苏培养　复苏培养时在开启的安瓿管内注入 0.3~0.5 毫升的无菌生理盐水或 1%麦芽汁。菌种安瓿管开启时,无菌条件下先将安瓿管的封端加热后,在浸有来苏儿的湿布上滚一下,使管壁裂缝,然后再轻轻敲碎,切忌猛然割断,以免空气骤然进入,造成污染。安瓿管加入生理盐水后,酥丸(干后的菌种样品)自行溶化,摇动后即成菌种悬浮液,可接入相应的培养基上,复苏培养。

白灵菇 种植能手谈经

六、栽培原料的选择与利用问题

白灵菇，异养生物，自然界中分解者成员。

人类认识其能将自然界中废弃的资源转化为优质的蛋白质资源，并且营养美味。

白灵菇，自身具备将"草"变成"植物肉"的能力，但是，它自身仍然需要"特殊的营养"。

"特殊的营养"就是生产白灵菇的"培养料"。

"培养料"就像生产农作物的土壤。

白灵菇生产，不可轻视生产白灵菇的"土壤"——培养料。

（一）原料选择原则

栽培原料的选择应本着就地取材、资源丰富、择优利用的原则进行。这些物质还必须具备以下特性：

1. 营养丰富　白灵菇是一种腐生型真菌，不能自己制造养分，所需营养几乎全部从培养料中获得。所以培养料内所含的营养，应能够满足白灵菇整个生育期内对营养的需求。

2. 干燥洁净　要求所用原料无病虫侵害、无霉变、无刺激性气味和杂质。无工业"三废"残留及农药残毒等有毒有害成分。

（二）主要原、辅材料的类型及特点

1. 主要原料

1）棉籽壳　又叫棉籽皮，是棉籽油加工厂的下脚料，占棉籽总量的32%~40%。棉籽壳含固有水10%左右，多缩戊糖22%~25%，粗纤维68.6%，木质素29%~32%，粗蛋白质6.85%，粗脂肪3.1%，粗灰分2.46%，磷0.13%，碳66%，氮2.03%。这些物质都是白灵菇生长所需的良好营养源。从棉籽壳的营养成分看，比木屑好得多。棉籽壳的颗粒大，质地疏松，保水、通气性能好。生产时要选用无霉变、无结块、未经雨淋的新鲜棉籽壳为原料。使用前最好在阳光下暴晒1~2天。经多年生产实践证明，棉籽壳是生产白灵菇的理想原料。

2）玉米芯　玉米芯是玉米果穗脱粒后的穗轴。玉米芯资源丰富，是全国广大玉米产区栽培白灵菇的较好原料。玉米芯含粗纤维28.2%，粗蛋白质2.0%，粗脂肪0.7%，粗灰分20%，钙0.01%，磷0.08%，碳氮比（C/N）约为100：1。应选用当年产的新鲜、干燥、无霉变的玉米芯为原料。因玉米芯含可溶性糖分较多，极易引起发霉变质，故应使其充分干透后，存放在通风干燥处，防止雨淋和受潮。发热、受潮、霉变的玉米芯不宜用做培养料。玉米芯在使用前应先在太阳下暴晒2~3天，然后粉碎成玉米粒大小的颗粒。经提前预湿或堆积发酵后再配料。玉米芯含氮量较低，在配制培养料时应增加麸皮、米糠、玉米粉等含氮量较高物质的用量。

3）甘蔗渣　甘蔗渣是甘蔗制糖后的下脚料，含粗纤维48%，粗蛋白质1.4%，粗灰分2.04%，可代替木屑用于白灵菇栽培，但必须选用色白、新鲜、

无发酵酸味、无霉变者为原料。一般取刚榨过糖的新渣及时晒干,储存于干燥处备用。没有干透、久置堆放结块、发黑变质、有霉味的不宜使用。用于培养料的甘蔗渣使用前需经粉碎处理,否则易刺破塑料袋。单用甘蔗渣为培养料栽培白灵菇,效果不太理想,如与棉籽壳、废棉渣等原料按比例混合使用,则效果较好。

4)废棉渣 废棉渣是纺织厂、卫材厂、棉花加工厂的下脚料,其中混有较多的团状废棉和一些碎棉籽。该原料含纤维素 38%,因其中混有一定量的碎棉籽,其粗蛋白质含量达 8%,营养较丰富。栽培白灵菇时,和其他颗粒原料合理搭配后,也是一种较为理想的栽培材料。单独使用时,应将废棉团拣出。

5)黄豆秆、玉米秆 黄豆秆含氮源丰富(其中含粗蛋白质 9.2%,粗纤维 36%),是栽培白灵菇很好的原料。它和玉米秆经粉碎后加入到棉籽壳、木屑中,栽培效果更好。

6)木糖渣 木糖渣是以玉米芯为原料,经高温、酸化提取木糖后的工业废渣。在我国的华北、东北等玉米主产区,已相继建成一大批以玉米芯为原料提取木糖的加工厂,木糖渣资源十分丰富。起初由于得不到有效利用,造成巨大的资源浪费和环境污染。木糖渣富含纤维素、半纤维素等多种营养物质,平菇和金针菇生产应用较多,它也是适宜白灵菇栽培的原料之一。

2. 辅助原料的选择 辅助原料又称辅料。所谓辅料就是根据主料所含营养的不足,针对白灵菇在生长发育过程中所需的各种营养成分,适当补充高营养物质,达到营养均衡,结构合理。辅助材料的加入,不仅可增加营养,而且可以改善培养料的理化性状,从而促进白灵菇菌丝健壮生长、子实体高产优质。常用的辅助原料有 2 大类:一是天然有机物质,如麸皮、米糠、玉米粉、饼粕粉等;二是化学物质,如尿素、蔗糖、硫酸钙、碳酸钙、氧化钙、磷酸二氢钾、硫酸镁等。

1)麸皮 麸皮是小麦粒加工面粉后的副产品,其含水 12.1%,粗蛋白质 13.5%,粗脂肪 3.8%,粗纤维 10.4%,碳水化合物 55.4%,灰分 4.8%,维生素含量丰富,尤其是维生素 B_1 的含量较高。麸皮蛋白质中含有 16 种氨基酸,其营养十分丰富,质地疏松,是最常用的辅助材料,通常的添加量为 10%~20%。

2)玉米粉 玉米粉是玉米粒加工粉碎后的产物,其营养因不同品种、不同产地而有差异。一般玉米粉中含水量 12.2%,有机质 87.8%,粗蛋白质 9.6%,粗脂肪 5.6%,粗纤维 3.9%,碳水化合物 69.6%,粗灰分 1%。玉米粉中维生素 B_2 的含量较高,生产中通常添加量为 5%~10%。

3)米糠 细米糠是白灵菇栽培最好的氮源。新鲜的细米糠中含有 12.5%

粗蛋白质和8%粗脂肪,57.7%无氮浸出物。米糠内还有大量的生长因子,如维生素 B_1 等。但维生素 B_1 不耐热,120℃以上就迅速分解,在灭菌过程中要引起注意。米糠要用细米糠,而三七糠、统糠的营养含量较差,不适合做培养基的氮源。米糠一定要用新鲜的,米糠的新鲜度和白灵菇的菌丝生长、子实体产量、质量存在着密切的关系。

4)棉仁粕、茶籽粕、花生粕　这3种饼粕的粗蛋白含量均在35%以上,其中花生饼粕的粗蛋白质的含量达47.1%,可代替部分细米糠或麸皮使用,但一般用量不要超过培养料干重的10%。

5)硫酸钙　又称生石膏,含钙23.28%,含硫18.62%。水溶液呈中性,生石膏加热至128℃部分脱水成熟石膏。熟石膏在20℃时1 000毫升水中溶解3克,pH为7。用石膏主要是补充培养料中的钙元素,同时,石膏还有缓冲和调节培养料pH的作用。

6)碳酸钙　碳酸钙天然的有石灰石、大理石等,极难溶于水,白色晶体或粉末,纯品含钙40.05%,水溶液呈微碱性,用石灰石等矿石直接粉碎加工而成的产品称为重质碳酸钙。用化学法生产的产品称为轻质碳酸钙,其品质纯、颗粒细,在生产中常用轻质碳酸钙作为培养料的缓冲剂和钙素养分的添加剂,通常添加量为0.5%~1%。

7)尿素　尿素是一种有机氮素化学肥料,为白色结晶颗粒或粉末,易溶于水,100千克水中可溶解17千克尿素,水溶液呈中性。在生产中通常使用0.1%~0.4%的添加量作为培养料中氮源的补充,在使用时用量一般不要超过0.5%,否则尿素分解放出的氨会抑制菌丝的生长。另外,氮素浓度过高也会推迟出菇。

8)磷酸二氢钾　磷酸二氢钾是一种含有磷和钾的化学肥料,含磷30.2%~51.5%,含钾34%~40%。在25℃时,1 000毫升水中可溶解330克。该品为无色结晶或白色颗粒状粉末,水溶液pH为4.4~4.8,含杂质较多的工业品或农用品的颜色略带杂色。添加量一般为0.05%~0.1%。

9)硫酸镁　为无色结晶或白色颗粒状粉末,补充镁元素,利于细胞生长发育,有防止菌丝衰老的作用。在培养料的添加量多为0.05%~0.1%。

10)糖　红糖、白糖均可。白灵菇培养料中的添加比例为0.5%~1%,有促进菌丝生长和提高出菇率的作用。

11)石灰　石灰有生石灰和熟石灰之分,生石灰又称煅石灰,主要成分是氧化钙。生石灰呈白色块状,遇水则化合生成氢氧化钙,并产生大量的热,具有杀菌作用。熟石灰又名消石灰,化学名称为氢氧化钙,熟石灰为白色粉末,具有强碱性,对皮肤有腐蚀作用,吸湿性强,能吸收空气中的二氧化碳变成碳酸钙。氢氧化钙的水溶液称为石灰水,具有一定的杀菌作用,其杀菌机理是氢氧化钙中的氢氧根离子能水解蛋白质和核酸,使微生物的酶系统和结构受到损害,并能分解菌体中的糖类。通常在生产中使用生石灰,在拌料时加水使其变成熟石灰,一般1%~3%石灰水即可起到较好的杀菌作用。在生产中最好采用块状的生石灰,其杀菌效果比熟石灰要好。

(三)栽培原料的利用问题

常用配方如下:

①棉籽壳100千克,麸皮10千克,磷酸二氢钾0.1千克,尿素0.2千克,酵母粉0.1千克,生石灰3千克。料水比为1:(1.1~1.3)。

②玉米芯100千克,麸皮15千克,尿素0.2千克,磷酸二氢钾0.1千克,酵母粉0.1千克,生石灰5千克。料水比为1:1.4。

③玉米芯50千克,棉籽壳50千克,麸皮10千克,尿素0.2千克,磷酸二氢钾0.3千克,石膏1千克,生石灰3千克。料水比为1:1.25。

④玉米芯300千克,棉籽壳100千克,麸皮90千克,石灰5千克。

⑤棉籽壳500千克,麦麸40千克,玉米粉20千克,石膏12.5千克,石灰12.5千克,磷酸二氢钾1千克,尿素1.5千克。料水比为1:(1.2~1.3)。

七、关于栽培模式的选择利用问题 ----------------------------◆

　　每一种栽培模式的形成都凝结着种菇人聪明智慧和辛勤劳动。

　　每一种栽培模式都有其适应的生产地域。

　　气候差异、生产习惯不同、生产条件差别等因素，不同栽培模式都有其优点和不足之处。

　　白灵菇的栽培模式，一直在改变和完善。

　　哪一种栽培模式最好？

　　适合你的才是最好的！

白灵菇 种植能手谈经

(一)白灵菇的主要栽培模式

1.手工操作塑料大棚生产 大部分生产程序手工操作,菌袋栽培,日光温室或其他类型的塑料大棚出菇,在河南省气候条件下于10月20日至翌年4月20日出菇。本书重点介绍这类栽培技术。

2.山区窑洞周年生产 大部分生产程序手工操作,菌袋栽培,多采用室内培育菌袋,窑洞内出菇,可实现周年生产。

3.机械制冷半机械化周年生产 大部分生产程序机械参与操作,室内发菌,室内出菇,出菇室安装制冷设备,周年生产。

4.工厂化周年生产 全程机械参与操作,室内发菌,室内出菇,培养室、出菇室安装制冷设备,智能控制温度、湿度、通风、光照,每日有固定的出菇量,周年生产。

(二)手工操作塑料大棚栽培技术特点

1.栽培季节 在自然气候条件下,结合河南省的自然气候特点,秋季8~11月生产菌袋,10月下旬至翌年5月出菇。春季4~6月生产菌袋,7~9月低温越夏,10月中旬开始出菇。

2.栽培原料及处理

1)配方一 棉籽壳94%,玉米面2.8%,石膏1%,石灰2%,尿素0.2%。

2)配方二 棉籽壳40%,木屑40%,麸皮10%,玉米面8%,糖1%,石膏1%。

以上配方水分含量保持在60%~65%,直接拌料或进行自然堆积发酵。

3.栽培场地 塑料大棚、日光温室、大田中小拱棚作为栽培场地。

4.菌袋制作 在8月生产,使用宽15厘米、长35厘米、厚0.06毫米规格的塑料袋。9月下旬至10月底可采用宽17~18厘米、长35~40厘米、厚0.05毫米的塑料袋。

5.灭菌接种 常压灭菌,100℃后维持15小时。接种箱内或接种室内接种。

6.培养菌丝 室内或大棚内发菌。

7.出菇方式 白灵菇袋栽常见的出菇方式主要有直立出菇、平放出菇、覆土出菇等方式。

（三）山区窑洞周年生产模式与技术特点

1. 出菇场地　山区窑洞。

2. 出菇季节　周年出菇。

3. 菌袋制作及其他　同手工操作塑料大棚栽培模式。

4. 出菇方式　平放出菇为主。

（四）简易厂房机械制冷半机械化周年生产模式技术特点

1. 栽培容器　聚丙烯、聚乙烯塑料袋。宽17厘米、18厘米等，根据出菇形式选择长度，长35厘米、40厘米。

2. 周年生产　重点安排在4月底至11月初出菇。

3. 厂房建造或改造　砖混结构、彩钢板、旧房改造等均可。要求保温、通风、排风、加湿、控光。

4. 栽培方式　多采用菌袋栽培。

5. 出菇方式　立体，层架摆放，每天有固定的出菇量。

（五）标准厂房周年生产模式与技术特点

1. 栽培季节　周年生产，重点安排在4月底至11月初出菇，其他时间减少生产量。

2. 栽培容器　聚丙烯或聚乙烯塑料袋，规格为宽17厘米、18厘米等，根据出菇形式选择长35厘米或45厘米、厚0.05毫米的塑料袋。

3. 白灵菇栽培原料的选择与制备　同手工操作塑料大棚栽培模式。

4. 厂房建造或改造　厂房可以采用砖混结构、彩钢板、旧房改造等均可。要求保温、通风、排风、加湿、控光。

5. 菌袋制作　机械或人工装料，常压100℃维持12小时，高压126℃维持2小时。

6. 出菇方式　白灵菇袋栽常见的出菇方式主要有直立出菇、平放出菇。

（六）工厂化生产瓶栽技术特点

1. 栽培季节　可以周年生产。

2. 栽培容器　聚丙烯塑料瓶。

3. 白灵菇栽培原料的选择与制备　同手工操作塑料大棚栽培模式。

4. 厂房建造或改造　厂房可以采用砖混结构、彩钢板、旧房改造等。要求保温、通风、排风、加湿、控光。

5. 菌瓶制作　机械装料，常压100℃维持12小时，高压126℃维持2小时。

6. 出菇方式　白灵菇瓶栽常见的出菇方式主要有直立出菇、平放出菇。

（七）工厂化生产袋栽技术特点

栽培季节为周年每天生产，其他要求同标准厂房周年生产模式。

白灵菇 种植能手谈经

八、关于菌袋出菇方式选择利用的问题 ------------◆

　　白灵菇菌丝生理成熟后，必须解开袋口让其出菇。

　　白灵菇出菇方式具有多样性和可选择性。

　　出菇方式决定于栽培模式，栽培模式制约着出菇方式的选择。

　　究竟采取哪种出菇方式，是依诸多因素决定的，但要因地制宜。

生产实践中，根据塑料袋的大小、长短及装料的多少不同，栽培环境及栽培习惯不同，出菇时菌袋是否覆土，可分为不同的出菇方式。常见的出菇方式有：单排菌袋自然堆叠两端解口出菇方式、双排菌袋堆叠一端出菇方式、菌袋套环单排堆叠两端出菇方式、菌袋套环双排堆叠一端出菇方式、菌袋中间划口定向定量出菇方式、菌袋两端打浅洞定向定量出菇方式、双排菌袋墙式覆土出菇方式、双排菌袋梯形墙式覆土出菇方式、全脱袋畦床式地埋覆土出菇方式、半脱袋畦床式覆土出菇方式等 14 类。

各种出菇方式各具特色，每种方式都有它的适应性，因此，应根据生产目的不同而灵活地加以选择。各种出菇方式的管理要点略有差异，但都必须满足子实体正常生长发育需要的环境条件。

（一）单排菌袋自然堆叠两端解口出菇方式

1. 操作方法　菌丝发育成熟的菌袋两端用小刀将袋口多余的塑料膜割除，露出培养料 2~3 厘米^2，单排菌袋自然堆叠，在出菇场内顺势摆放成多排，排与排之间留 50~60 厘米的过道，菌袋摆放高度 5~7 层，排与排之间的走向以通风容易、行走方便为宜（图 3-8-1 和图 3-8-2）。

图 3-8-1　菌袋摆放高度

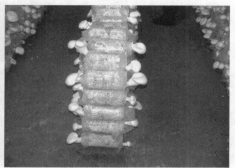
图 3-8-2　单排两端解口出菇

2. 主要优点　排放省工、省力，提早出菇，管理方便，摆放数量多，空间利用率高，出菇整齐，菇形好，优质菇率高。

3. 不足之处　菌袋易失水，菇体难以长大，菇体含水量偏低，产量难以提高，第二茬菇基本不出。

（二）双排菌袋堆叠一端出菇方式

1. 操作方法　这种出菇方式是在两端出菇的基础上改进的一种出菇方式。将菌袋的一端用小刀割去多余的部分，一端露出培养料 2~4 厘米^2，菌袋不解口的一端相挨摆放，两排菌袋摆在一起，两端划口部分分别朝外，排与排之间留出 50~60 厘米的操作通道，高度 5~10 层。菌袋的一端出菇结束后，再将另一端口划开，颠倒菌袋，没出菇的一端解口后朝外摆放，再出第二批菇（图 3-8-3）。

图 3-8-3　双排菌袋一端出菇

2. 主要优点　提高空间利用率,出菇质量好,比较省工。

3. 不足之处　后期出菇困难,一端出菇后,需要补水才能保证另一端出菇,总产量难以大幅度提高。

(三)菌袋套环单排堆叠两端出菇方式

1. 操作方法　这种出菇方式在制作菌袋时在接种口的两端各套上专用套环,发满菌丝后将封闭套环的密封物去掉,用接种工具进行搔菌,在出菇场内顺势摆放成多排,排与排之间留 50~60 厘米的过道,摆放高度 5~7 层,排与排之间的走向以通风容易、行走方便为宜。有条件时可采用层架式立体摆放(图3-8-4)。

图 3-8-4　菌袋套环两端出菇

2. 主要优点　排放省工、省力,提早出菇,管理方便,空间利用率高,出菇整齐,单菇率高,菇形好,优质菇率高。

3. 不足之处　菌袋生产时费工,增加套环成本,出菇时容易形成长柄菇。

(四)菌袋套环双排堆叠一端出菇方式

1. 操作方法　这种出菇方式在制作菌袋时在接种口的两端各套上专用套环,发满菌丝后将封闭套环的密封物去掉,用接种工具进行搔菌,在出菇场内顺势摆放成多排,两排菌袋摆在一起,两端套环部分分别朝外,排与排之间留 50~60 厘米的过道,摆放高度 5~7 层(图3-8-5 和图3-8-6)。

图 3-8-5　菌袋套环双排堆叠一端出菇　　图 3-8-6　菌袋套环双排堆叠一端出菇(层架式)

2. 优点　排放省工、省力,提早出菇,管理方便,空间利用率高,出菇整齐,单菇率高,菇形好,优质菇率高。

白灵菇
种植能手谈经

3. 不足之处　菌袋生产时费工,增加套环成本,菌柄易较长。

（五）菌袋中间划口定向定量出菇方式

1. 操作方法　满袋后的菌袋,在出菇场内平摆放成两排,两排之间留 50~60 厘米的过道,在菌袋壁上中间部位开直径为 1 厘米的圆口,开口向上(图 3-8-7 和图 3-8-8)。

图 3-8-7　菌袋中间开口　　　　　　　　　　　图 3-8-8　菌袋中间定向出菇

2. 优点　排放省工、省力,提早出菇,管理方便,出菇数量易于控制,出菇整齐,菇形好,优质菇率高。

3. 不足之处　只能摆放一层,场地利用率低。

（六）菌袋两端打浅洞定向定量出菇方式

1. 操作方法　这种方式是在单排菌袋自然堆叠两端出菇方法的基础上改进而形成的,菌丝满袋并生理成熟后,在两端袋口部位,对称扎 2 个深 2 厘米、直径 0.5~1 厘米的小洞,在小洞口形成子实体(图 3-8-9、图 3-8-10)。

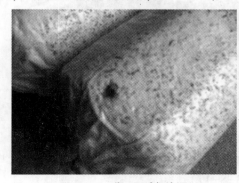

图 3-8-9　袋口两端打浅洞　　　　　　　　　　图 3-8-10　菌袋两端定向出菇

2. 优点　排放省工、省力,提早出菇,管理方便,摆放数量多,空间利用率高,出菇整齐,菇形好,优质菇率高,菌袋水分散失慢,减少出菇后疏蕾劳动量。

3. 不足之处　有时单菇重量较轻。

（七）双排菌袋墙式覆土出菇方式

1. 操作方法　菌墙覆土出菇方式是在双排菌袋出菇方式的基础上加以改进而成的。菌丝长满袋后,用小刀划开将塑料膜全部去掉,但袋身的塑料膜不动,两排菌袋之间留 10~20 厘米的空隙用来填土,两排菌袋摆放 7~10 层,中间填土略高于菌袋。填土后在土层中灌水,以后保持土壤潮湿,在菌袋两端解口处出菇(图 3-8-11 和图 3-8-12)。

图 3-8-11　双排菌袋墙式覆土方式　　　　　图 3-8-12　双排菌袋墙式覆土出菇

2.优点　解决了菌袋后期易失水的问题,出菇多,产量高,菇形好。

3.缺点　大菇、马蹄形菇、等外菇较多。

(八)双排菌袋梯形墙式覆土出菇方式

1.操作方法　双排梯形覆土出菇方式是在双排菌墙覆土出菇的基础上演变出来的,其高度可增加至1.5~1.8米,菌袋可摆放近20层,有效地提高了空间的利用率。但是,覆土层内土层厚、菌袋高,堆内温度易上升,菇形不美观,易出特大形菇(图3-8-13和图3-8-14)。

图 3-8-13　双排菌袋梯形墙式覆土出菇　　　　图 3-8-14　马蹄形菇

2.优点　解决了菌袋后期易失水的问题,出菇多,产量高,场地利用率高。

3.缺点　大菇、马蹄形菇、等外菇较多。

(九)全脱袋畦床式地埋覆土出菇方式

1.操作方法　菌丝满袋后将外表塑料膜全部去掉,在大棚内挖畦将菌袋埋入土中,菌袋上方覆土厚2~3厘米(图3-8-15至图3-8-17)。

图 3-8-15　全脱袋畦床式地埋覆土出菇　　　　图 3-8-16　畸形菇

图 3-8-17 大菇

2. **优点** 菌袋不失水,菌丝可从土中吸取水分和养料,出菇多,菇体大,产量高。

3. **缺点** 土中病虫害多,菇形不易控制,易出厚菇、大菇,菇质差,菇形不好。

(十)半脱袋畦床式覆土出菇方式

1. **操作方法** 菌丝长满袋后,将两端多余的塑料膜割除,留住袋身塑料膜,在大棚内挖宽1米左右,长度不限的畦床,将菌袋在畦床内直立相挨排放,袋与袋空隙内填入碎土,菌袋上端不覆土(图3-8-18)。

图 3-8-18 半脱袋畦床式覆土出菇

2. **优点** 菌袋失水慢,出菇较多,出菇期较长。

3. **缺点** 菌袋直立,菇形不易平展,菇柄易增长,优质菇率低,场地利用率不高。

(十一)单排菌袋中间环切墙式覆土出菇方式

1. **操作方法** 这种出菇方式是双排菌袋墙式覆土出菇方式的改进技术,菌丝长满袋后,先将一端用小刀划开口或将袋口解开,去掉多余的塑料膜;另一端用小刀划开口或将袋口解开,去掉多余的塑料膜,将菌袋中间的塑料膜用小刀环切3~5厘米(图3-8-19)。在出菇场内顺势摆放成多排,排与排之间留50~60厘米的过道,每摆放一排后在菌袋的空隙处填入潮湿的泥土,摆放高度5~7层,排与排之间的走向以通风容易、行走方便为宜。最上层菌袋上的泥土整理成沟槽状,在沟槽内注入清水(图3-8-20)。

图 3-8-19　环切　　　　　　　　　　图 3-8-20　单排菌袋中间环切墙式覆土出菇

2. 优点　解决了菌袋后期易失水的矛盾,出菇多,产量高,菇形好,场地利用率高。

3. 缺点　费工,操作难度较大。

(十二)单排菌袋全脱袋墙式覆土出菇方式

1. 操作方法　这种出菇方式是在单排菌袋中间环切的基础上改进的,菌丝长满袋后,去掉塑料膜,在出菇场内顺势摆放成多排,排与排之间留50~60厘米的过道,每摆放一排后在菌袋的空隙处填入潮湿的泥土,摆放高度5~7层,排与排之间的走向以通风容易、行走方便为宜。最上层菌袋上的泥土整理成沟槽状,在沟槽内注入清水(图3-8-21和图3-8-22)。

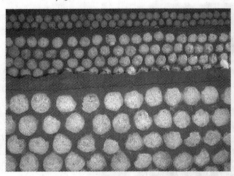

图 3-8-21　单排菌袋全脱袋墙式覆土方式　　　　图 3-8-22　单排菌袋全脱袋墙式覆土出菇

2. 优点　解决了菌袋后期易失水的矛盾,出菇多,产量高,菇形好,场地利用率高。

3. 缺点　费工,操作难度较大。

(十三)菌袋内直接覆土出菇方式

1. 操作方法　生产菌袋时采用17厘米或15厘米的折角袋,每袋装干料0.25~0.3千克,一端接种。菌丝长满袋熟化后,在菌袋的上部填入消毒处理的土壤,厚度2~3厘米,土层注入消毒营养水溶液并保持土层湿润,封闭袋口(图3-8-23)。

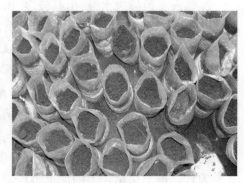

图 3-8-23　菌袋内直接覆土

114

菌袋摆放方式有2种(图3-8-24)：

图3-8-24　菌袋内直接覆土出菇

①直立平摆一层,2个菌袋摆在一起成排摆放,排与排之间留走道50厘米,每一菌袋的外侧用小刀划一圆形小口。

②2个菌袋摆在一起成排摆放,向上堆叠4~6层,排与排之间留走道50厘米,每一菌袋的外侧用小刀划一圆形小口。

2. 优点　解决了菌袋后期易失水的矛盾,定向定量出菇,菇形好,优质菇率高,产量高。

3. 缺点　费工,操作难度较大。

(十四)花盆内覆土出菇方式

1. 操作方法　准备大小适中的花盆,一般用直径30厘米左右塑料花盆,将花盆用水清洗干净。菌丝长满袋后全部去掉塑料膜,将菌袋用刀从中间一分为二,接种端朝上直立摆放在花盆内,菌袋上方覆土3厘米后,灌水使土层潮湿。将覆土好的花盆置于出菇棚内进行出菇管理(图3-8-25和图3-8-26)。

图3-8-25　花盆内覆土　　　　　　图3-8-26　花盆内覆土出菇

2. 优点　出菇多,产量高,便于移动,适合展示用。

3. 缺点　费工,操作难度较大。

白灵菇 种植能手谈经

专家点评

九、关于白灵菇精准化栽培的问题 ⋯⋯⋯⋯⋯⋯⋯ ◆

　　白灵菇菌袋培养过程是白灵菇菌丝分解培养料，转化、储存营养的过程。菌袋培养精准化管理就是要提供给白灵菇菌丝健康生长的最舒适的环境条件。

　　白灵菇发菌和后熟完成，菌丝积累了充分的养分，在菌袋周围形成一层原基，标志着进入了生殖生长阶段。原基形成后，首先要进行催蕾，促使原基分化成幼蕾。菇蕾形成期、幼菇期、菇体发育期、商品菇形成期是人为划分的白灵菇生长发育的不同阶段，各阶段对外界环境要求略有差异。

（一）菌丝培育期精准化管理

接种后菌丝培养的好坏直接影响到白灵菇的栽培成败及产量。为此，要创造适宜的条件，促使菌丝健康生长。在26℃培养条件下，白灵菇的菌丝从接种到长满袋一般需要35～40天，这期间应在培养环境的卫生状况、温度、通风、湿度、光照几方面加强管理，并需做好发菌环境因子的协调配合。菌丝生长期间，要保持培养环境清洁卫生，定期在培养环境内消毒，减少各类杂菌的密度。勤捡杂菌袋，以减少交叉感染；通过调控环境温度以使菌温保持在20～26℃；加强通风，促进菌丝快速健壮生长，增强菌丝对外界环境条件的适应能力；要求发菌环境黑暗或微光，空气相对湿度在70%以下。

1. 温度调控　接种后，温度控制在22～26℃，以促进菌丝健壮迅速生长，一般35～40天即可长满菌袋。发菌初期，菌丝生长慢，发热少；15天以后，菌丝生长迅速，生长产生热量多，容易导致菌袋温度高于环境温度，此时要注意增强通风和翻堆降温，以免发生"烧菌"。可以在棚内、不同菌袋层间或菌袋内直接插入温度计进行测温。

2. 环境湿度调控　发菌期空气湿度要相对较低，以75%以下最好，高了易生杂菌。因为此时菌袋可以提供菌丝发育所需水分。空气也不可过于干燥，以免发菌时消耗过多水分，影响出菇。

3. 光线调控　发菌期菌丝生长不需要光照，因此尽量避光。此时菌丝生长快而且健壮。光线易使菌丝形成菌皮。

4. 通风调控　发菌期要经常通风换气，保持氧气充足。通风时要注意通风时间，气温高时可以在早晚通风，雨天少通风。

5. 菌丝生长观测　据试验，母种在PDA培养基上，在25℃的培养条件下，菌丝10～13天长满斜面。对于原种来说，在谷粒培养基上，在23℃的培养条件下，菌丝平均20天长满容器；在棉籽壳麦麸培养基上，在23℃的培养条件下，菌丝平均30天长满容器；在木屑培养基上，在23℃的培养条件下，菌丝平均35天长满容器。对于栽培种来说，在谷粒培养基上，在23℃的培养条件下，菌丝平均20天长满瓶，25天长满袋，在其他培养基上需25～30天长满瓶，30～35天长满袋。据此可判断白灵菇菌丝在培养基上的生长情况是否正常，在其他培养基上的生长情况可以此作为参考。

6. 菌丝后熟　发菌完成后，应对菌袋进行后熟培养。最大限度地进行后熟培养，使其生理成熟，能够明显提高白灵菇的产量。对菌丝未满袋即现原基并分化形成菇蕾的，其产量较低。后熟培养的方法是：降低菌袋培养温度，调至18～22℃，使菌丝在较低温度下积累营养，促其后熟；后熟期一般在30～60天，不同品种的后熟期稍有差异。当菌袋出现较多原基时，即开口催蕾出菇。

后熟的标志：菌袋上表面和肩处有乳白色的薄薄的菌皮，菌丝浓密、浓白，手触有坚实感。

7. 菌袋培养质量检验与检测　白灵菇的菌袋接种后，在18～28℃的温度条件下，发菌50～60天，菌丝发满菌袋。环境温度较高时菌袋会产生菌皮。

1）菌丝白度　外观色泽一致，菌丝洁白浓密，菌丝活力旺盛，粗壮有力。

2）菌袋硬度　用手触摸，菌袋弹性较强。

3)子实体形成数量　子实体原基形成越多,说明菌袋培养质量越高。

(二)出菇期精准化管理

1.白灵菇子实体分化的条件

1)内部条件　菌袋内菌丝发满后,再经过20~30天的进一步发育,即菌丝从接种之日起,适宜温度条件下60~80天,菌袋即具有形成子实体的能力。

2)外部条件　菌袋生理成熟是形成白灵菇子实体的基础条件,适宜的外部条件则会加快子实体的分化和生长。

(1)温度与温差　环境温度日最高温度18℃,日最低温度0℃条件下,白灵菇子实体宜分化。

(2)空气相对湿度　出菇环境中空气相对湿度应在80%以上。

(3)光照刺激　散射光300~1 500勒的条件下有利于子实体分化。

(4)空气　空气新鲜有利于子实体的分化。

2.菌袋尽快出菇技术

1)开口打孔或搔菌　发好菌丝的菌袋,按照事先规划好的出菇模式在出菇场地内摆好,最好采用打孔方式进行开口,即在袋两端袋口的中上部位,对称扎2个深2厘米、直径0.5~1厘米的圆洞。

在菌袋的出菇端口用铁钩进行搔菌,用铁钩将菌丝挖去一小部分,挖出直径0.5~1厘米、深0.5~1厘米的圆洞(图3-9-1和图3-9-2)。

 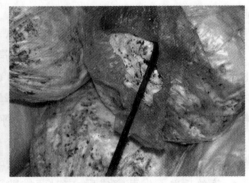

图3-9-1　打孔　　　　　　　　　　　　　　图3-9-2　搔菌

2)喷施生长素　菌袋开口或解袋后4~5天喷50~60毫克/升的三十烷醇1~2次。

3)温差刺激　白天环境控制温度在12~18℃,夜晚控制在1~5℃,温差刺激10~15天。

4)披膜保湿　用沾水地膜覆盖于白灵菇菌袋上(图3-9-3)。

图 3-9-3　披膜保湿

5）增湿　环境空气相对湿度增加到 85% 左右。

6）增光　散射光达到 500~800 勒。

7）通风　增加菇棚内通风次数和时间,每天通风 2~3 次,每次 0.5~1 小时。

3. 菇蕾形成期精准化管理技术　在 25℃ 的培养温度下,菌丝 35~40 天满袋,再进行后熟培养,后熟期 30~60 天。当菌丝积累充分的养分后,培养基表面有原基出现,菇蕾逐步形成,此时应进行催蕾管理。菌丝生理成熟标志是菌袋上表面及肩处有乳白色的薄薄的菌皮,菌丝浓密、洁白,手触有坚实感。

1）菌袋开口　把菌袋解开,松动袋口并扭拧,让微量空气进入袋内,但不可把袋口全开,以防菌体全开口,加速菌棒培养基的料面因过度的水分蒸发,而形成干燥的料面。

2）搔菌　开口后用接种锄搔掉菌种块及种块周围直径 3 厘米的老菌膜,但其他部位不要搔动。

3）降温催蕾　菌袋开口后,环境温度日最高温度 18℃,日最低温度 0℃,温差 12℃以上,以刺激菇蕾形成。可白天阳光强时段掀去部分草帘,增加湿度,而晚上将草帘掀去降温,增大温差。

4）增加菇棚湿度　菌袋开口后,向菇棚空间、地面喷水,使菇棚空气相对湿度达 80%~85%,保持菌袋料面湿润,促使原基分化成子实体。一般经 10~12 天管理可形成菇蕾。

5）适当加强通风　当菌袋开口后,注意适当加强菇棚通风换气,一般先喷水后通风,保持菇棚中二氧化碳含量不超过 0.1%。

6）保持散射光照　可只掀去遮阳网,不去棚膜,在 600 勒的散射光照下,菇蕾形成快。

4. 幼菇期精准化管理技术

1）护蕾　原基刚形成时,对环境抵抗力差,要严格管理。要保持棚内温度在 9~12℃,环境空气相对湿度在 85%~90%,使菇慢慢生长。

2）疏蕾　掌握好疏蕾时间。当白灵菇原基长至花生仁大小时,可进行疏蕾。菌蕾过小,难以辨认其质量优劣,并且易挫伤菌袋原基。菌蕾过大,消耗过多,同时菌蕾之间相互拥挤,易畸形。

把握疏蕾原则。菌袋两头一边留一个幼菇，留大菌蕾，去小菌蕾；留健壮蕾，去生长势较弱的蕾；留菌盖大的菌蕾，去柄长的菌蕾；留菇形圆整的菌蕾，去长条形菌蕾；留无斑点无伤痕的菌蕾；留直接在料面上长出的菌蕾，去掉在菌种块上形成的菌蕾。

疏蕾注意事项。疏蕾用的工具注意在每个菌袋疏蕾过后，用75%乙醇消毒一次，以免细菌性病害的交叉感染，疏蕾工具不能碰伤保留的幼菇及幼菇基部的菌丝；每个袋疏蕾后要剪去菌袋两头多余的塑料并按原来菌袋的摆放位置放好。

3）提袋　当幼蕾长至鸡蛋大小时，要把塑料袋口挽起。

4）菇棚湿度　向菇棚空间、地面喷水，使菇棚空气相对湿度达到80%~90%，保持菌袋料面湿润。

5）保持通风　注意适当加强菇棚通风换气，保持氧气充足。

6）保持散射光照　确保菇体色泽鲜亮。

5.菇体发育期精准化管理技术

1）湿度与水分　菇蕾发育至鸡蛋大小后，发育加快，此时应维持空气相对湿度在85%~90%，高则菇体蒸腾作用减缓，影响菌丝体营养物质向菇体的运输，导致生长迟缓，也容易造成菇体腐烂；空气相对湿度低于70%则表面粗糙，时间长了会产生龟裂，影响商品品质。常采用地面洒水或者对空间喷雾等办法增加菇棚空气相对湿度。喷水时不要直接向菇体喷水。

2）温度　菇体发育期，温度应在8~17℃为宜，不能低于5℃或高于20℃。气温低于5℃，子实体完全停止生长。气温超过20℃时，子实体发育缓慢或腐烂，质地松软，菌盖反卷。常通过加厚窗帘或调节膜上的草帘及通风控制温度，甚至可以加温。

3）加大通风换气　白灵菇是好气性菌类，子实体对二氧化碳极敏感，当空气中二氧化碳浓度超过0.1%时会刺激菇柄不断分化，菌盖发育慢，降低商品品质。因此，为了生产菌盖大，菌肉厚，菌柄细小的子实体，必须加强通风，每天2~3次，每次30分。亦可常开窗扇，或撩起菇棚下部棚膜，确保空气清新，但风不可直吹菇体，以防变色萎缩。

4）光照　白灵菇子实体生长需要一定的散射光，光照强度在400勒以上时，子实体膨大顺利，菇体硕大而洁白；可通过草帘控制光照。一般白天隔一个掀开一个草帘，棚内光照即可满足要求。

6.商品菇形成期精准化管理技术　白灵菇采收前一天应停止喷水并适当通风降湿。其他正常管理即可。

7.优质菇培育技术

1）优质菇标准　菇体圆整，洁白，无杂色，呈贝壳形或手掌形，重量在150~300克，菌盖直径10~15厘米，厚度1~3厘米，菌柄2厘米以下。

2）培育方法

（1）疏蕾　通常情况下在袋口处会形成大量的菇蕾（图3-9-4），这些菇蕾聚集在一起，不可能每个菇蕾都会长成商品菇，所以疏蕾非常必要。用小刀或竹签将多余的小菇蕾剔除（图3-9-5），每个菌袋的出菇端口最好只留一个菇形完整的菇蕾（图3-9-6和图3-9-7）。

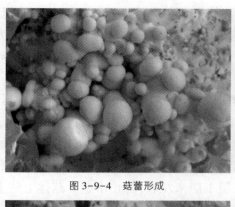
图 3-9-4　菇蕾形成

图 3-9-5　剔除小菇蕾

图 3-9-6　保留的菇蕾

图 3-9-7　成熟的菇蕾

（2）控温　尽量控制环境温度在 6~15℃。

（3）控湿　在 6~15℃ 的温度条件下,每天喷水 1~2 次,不要直接往菇体上喷水,向地面和空中喷水,环境空气相对湿度维持在 80% 左右。

（4）通风　在 6~15℃ 的气温下,对氧气需求量较少,白天每天通风 1~3 小时。

（5）控光　在 6~15℃ 的气温条件下,阳光直射并不影响白灵菇生长和品质,色泽也不变;气温高于 20℃ 时,强光会使菇体变黄。

8. 白灵菇一茬菇采收后精准化管理技术

1）料面清理　一茬菇采收后,及时清理基料表面,除去残菇、碎菇及菌皮等杂物,搔动表面菌丝,整平。

2）菌丝恢复　料面清理后,停水养菌,加强通风,把温度调高至 22~26℃,遮光培养,以适应菌丝的生长与重新积累养分,让菌丝体复壮,养菌时间 7 天左右。

3）补水　若菌袋失水较多,菌袋含水量低于 50%,可用连续喷重水 2~3 天、浸泡、注水等措施,对菌袋进行补水。补水后,应沥去菌袋多余水分,摆放到适宜出菇位置,大通风 1~2 天,使基料表面收缩,防止发霉。

4）二茬菇管理　养菌、补水结束后,再度进行催蕾。适宜条件下,10~15 天,第二批菇蕾出现。若条件允许,在出过一茬菇的菌袋原基处重新开口、催蕾,可以提前现蕾 5 天左右。按前述方法管理,二茬子实体即健康成长。

9. 白灵菇后茬菇管理技术　正常气温条件下,从接种到采收结束,一般需 90~110 天时间,生物学效率可达 50%~80%。白灵菇一般可采收 2~3 茬,但以第一至第二茬菇的产量高、品质好,一般占总产量的80%。因此,生产中应重点做好前两茬菇的管理。采收次数越多,个体越小,品质越差。二茬菇出菇后菌袋失水严重,菌丝变弱,活力下降,易被杂菌感染,一旦感染杂菌,极难治理。为此,后茬菇管理应主要做好补水、养菌、防杂菌工作。

1)常规管理技术 二茬菇采收后,及时清理料面,对菌袋补水,进行养菌管理后,再按第二茬菇管理技术进行出菇管理。发现杂菌污染的菌袋,应及时剔除。

2)棚内脱袋覆土管理技术 对出过二茬菇、失水严重的菌袋,可采用覆土畦栽法,其总生物效率一般可达到90%。方法是:可以将出过一茬菇的菌袋脱去塑料膜进行覆土,用土壤将菌袋掩埋,但菌袋一端宜露出土层1厘米左右,防止出菇后菇体上沾上土粒。

该办法也可用于未出菇的白灵菇菌袋栽培,增产效果亦十分明显。

3)再生菇培育技术 子实体采收时,用小刀从菇体基座处割下,子实体根部留1~2厘米长,利于再生。在第一茬菇采收后,停止喷水1~2天,并揭膜通风12小时,再把温度调整至22~26℃,空气相对湿度在80%左右,使菌丝体积累养分。然后调温至10~15℃,10天左右幼蕾即可形成,空气相对湿度提高到90%左右,子实体即可顺利长大。

10. 畸形菇的类型与防止方法

1)畸形菇类型 菌盖不发育型、菌柄过长型、马蹄型、超大型、不规则型等(图3-9-8和图3-9-9)。

图3-9-8 菌盖不发育菇   图3-9-9 不规则型菇

2)防止方法 科学摆放菌袋,以利空气流通,适时疏蕾,加强菇场环境因子的调控,加强通风,环境空气相对湿度维持在80%~85%,菇场的光线最好固定投射方向。

11. 出菇期菌袋的补水技术 塑料袋立体栽培白灵菇,菌袋内的培养料在出菇期因两端直接暴露在空气中而水分不断散失,当料内水分失去一半以后,就会影响正常出菇,菇体细小,生长缓慢。通常在出菇两茬后,料面出现缺水症状,干燥,裂纹,不易形成菇蕾。这时要注意及时补充水分,防止因缺水而导致不出菇,或出菇少,质量差,生物学效率低。

1)浸泡补充法 将配制好的营养液倒入水池或专门制作的盛水容器内,用铁条在菌袋料面上打几个呈三角形的洞,注意铁条要穿透培养料,使料内能吸足水分,一般浸泡5~8小时,使菌袋吸水后的重量达到原来重量的90%左右。

2)压力式补水法 一般用和农用喷雾器相连的白灵菇专用补水针,这种补水针一端呈注射用的针头状,另一端和喷雾器的出水皮管相连,将补水针插入培养料内,压动喷雾器的加压杆,这样喷雾器内盛装的营养就会在一定的压力下注射到白灵菇的菌袋内,起到补足水分和营养的作用,一般每袋需插 3 个孔左右,补水至原料重的 90%。有条件时配备水泵增加水压(图 3-9-10),可以利用多头式补水器,加快补水效率(图 3-9-11)。

图 3-9-10 水泵

图 3-9-11 多头式补水器

12. 出菇期内增产剂的合理使用

1)增产剂的种类

(1)菇根煮汁 将加工后剪除的菇柄倒入锅内加水煮沸 30 分,取汁液加水 7~10 倍喷洒料面或幼菇,可增产 10% 左右。

(2)豆腐水 生产豆腐的下脚水,含有丰富的营养物质,加入一定量的拌料可促进菌丝生长,菇期加清水 4~5 倍喷洒幼菇,也可增产。

(3)淘米水 淘米水即指洗大米后的溶有大米营养物质的水,用其拌料和喷洒都有增产作用。

(4)硝酸铵水溶液 0.1% 硝酸铵水溶液,采菇后喷洒料面,具有增产作用。

(5)尿素 0.1%~0.2% 尿素水溶液,拌料或喷洒后有增产效果。

(6)腐殖酸盐类 有黄腐酸盐、褐腐酸盐,生产中黄腐酸盐类较多,可用于拌料或喷洒,0.1% 水溶液喷洒幼菇有较明显的增产效果,增产幅度一般可达 30%~40%。

(7)三十烷醇 0.5~1 毫克/升浓度的三十烷醇水溶液喷洒幼菇,增产幅度可达 10%~30%。

(8)磷酸二氢钾 磷酸二氢钾是白灵菇生产中常用的增产剂之一,0.05%~0.1% 磷酸二氢钾拌料或喷施,增产都非常显著。

(9)激素类物质 乙烯利可使白灵菇早熟高产,幼菇期喷洒 500 毫克/升乙烯利水溶液,可增产 10%~20%。

(10)恩肥 一种高效液体肥料,原液主要从国外进口,每瓶液肥拌料 250 千克,可增产 30% 以上,提前 3~5 天出菇。

(11)澳洲液肥 利用澳大利亚专利技术生产的一种液体肥料,每瓶液肥拌料 250 千克,或在菇蕾期喷施 500 倍水溶液,可增产 30% 以上。

（12）维生素类　维生素 B_1、维生素 B_2、维生素 C 对白灵菇菌丝有促进生长的作用，也可起到一定的增产效果。

其他如蔗糖、硫酸镁、硼砂、味精、酵母等许多物质对白灵菇都具有增产作用。

2）增产剂的使用　增产剂的种类很多，配制的方法也多种多样，目前市场上有不少这样的商品，有粉剂也有液体，名称有壮菇素、增菇灵、育菇灵、恩肥等，都有较好的增产效果，应用时应参照商品规定的用量使用。

白灵菇种植能手谈经

专家点评

十、关于白灵菇工厂化生产的问题 ‥‥‥‥‥‥‥‥‥‥‥◆

白灵菇工厂化生产是白灵菇生产发展的趋势，目前，白灵菇消费的主流仍以中高档饭店为主，对白灵菇的质量要求不断提高，周年供应很有必要，这都为白灵菇工厂化生产提供了发展的空间。

（一）工厂化袋栽生产模式与技术特点

1. 工艺流程　按配方称取所需材料——按照预定含水量加水——搅拌——装料——打孔——封口——灭菌——冷却——接种——培养——后熟培养——低温冷刺激房间——搔菌——菇蕾形成——疏菇蕾——子实体成熟——采收——分级——包装——冷藏。

2. 生产时间　根据设计生产能力，全年每天均可生产。但应考虑节假日、不同季节等因素，再决定具体生产日期。

3. 厂房设计

1）菇房结构　应根据栽培工艺，结合当地的环境和条件进行厂区规划，总体布局可分为堆料场、仓库、装瓶区、灭菌区、接种区、培养区、出菇区等。堆料场、仓库、装瓶区、灭菌区、接种区、培养区、出菇区面积比例分别为 5：3：3：1：2：15：30，即配套区与出菇区的比例约为 1：1。

菇房可用双面 0.5 毫米的彩钢夹芯板建造，夹芯板外围厚 12.5 厘米、顶板厚 15 厘米、走道和隔板厚 10 厘米，夹芯板内的泡沫密度为 18 千克/米³，板与板之间应密封。每栋菇房长宽为 55 米×22 米，有效栽培面积 900~1 000 米²（图 3-10-1 所示）。

图 3-10-1　工厂化厂房

接种室应密封、无死角、可调温。接种区域空气洁净度等级达到 100 级，其他区域达到 10 000 级。应采用高效过滤器不断将空气循环，滤去接种室内空气中的尘埃、细菌、霉菌孢子及菌丝片段。

每间标准养菌房面积为 45 米²，即长 9 米，宽 5 米。具有保温、保湿和空气交换功能。

2）菇房的层架设置　采用层架培养，架宽 0.92 米，长 8.5 米，架与架之间靠紧并用螺栓加固，一般设 10 层，层距 37 厘米，最底二层可适当增加至 50 厘米，两边距墙 15 厘米，中间走道宽 1 米。每库可以培养 20 000 袋。也可采用大库房垫板堆放发菌。

3）制冷量　每间标准菇房应安装 1 台 7.5HP 制冷机组，并有温度自动控制装置。

4）光照设计　每间标准菇房安装 5 盏 35 瓦节能灯。

5）通风换气　在每间标准出菇房的通道边两端应开上下窗各一对，上窗低于檐 50 厘米，下窗高出地面 20 厘米，窗户规格为 37 厘米×37 厘米。2 个上窗安装三号轴流风机,下窗装上百叶帘。宜加装9千克/小时超声波加湿机1台。

6)智能控制 采用自动控制系统,通过感知菇房内温度、湿度、光照、通风等参数的变化,自动控制温度、光照、通风换气等设备,以满足白灵菇生长发育的需求。

4.菌种准备

1)母种制作 采用PDA培养基,如:马铃薯200克(用浸出汁),葡萄糖20克,琼脂20克,水1 000毫克,pH自然。

2)原种制作

(1)配方一 麦粒(含水量55%~60%)98%、蔗糖1%、轻质碳酸钙1%。

(2)配方二 棉籽壳90%,麦麸7%,玉米粉2%,石膏1%,含水量63%~67%。

3)栽培种制作 棉籽壳、小麦、玉米等都可作为白灵菇菌种的培养料。

(1)棉籽壳培养料 取100千克干棉籽壳,加入15%麦麸,再加入1%的石膏粉和3%的生石灰粉,加入130千克水,混拌均匀即可进行装瓶或装袋。

(2)麦粒培养料 称100千克干麦粒,在相应的容器内加水浸泡一夜,捞出控水倒入锅内煮沸15~20分,沥出多余水分,加入0.5%碳酸钙粉,1%蔗糖拌匀,冷凉后装瓶。

(3)玉米培养料 称100千克玉米,浸泡一夜或12小时,开水中煮沸15~20分,捞出加入0.5%碳酸钙粉,冷却后装瓶。

4)液体菌种制作 液体菌种需要提前15天开始制作,摇瓶菌丝培养需要5~7天,发酵罐培养5~7天。

5.培养基配方 栽培白灵菇的培养料配方多种多样,在生产时采用的配方不可能千篇一律,但应遵循这样的原则:提高培养料的综合营养水平,促进菌丝快速生长,增加培养料的抗杂能力,提高生物学效率,从而提高白灵菇的产量和质量。

1)配方1 棉籽壳100千克,磷酸二氢钾0.1千克,尿素0.3千克,酵母粉0.1千克,生石灰3千克。

2)配方2 玉米芯100千克,尿素0.2千克,磷酸二氢钾0.1千克,酵母粉0.1千克,石膏1千克,生石灰5千克。

3)配方3 木屑(阔叶树)100千克,尿素0.3千克,磷酸二氢钾0.1千克,酵母粉0.1千克,生石灰3千克,石膏1千克。

4)配方4 玉米芯50千克,棉籽壳50千克,尿素0.2千克,石膏1千克,生石灰3千克,磷酸二氢钾0.1千克。

5)配方5 金针菇下脚料100千克,玉米芯20千克,尿素0.2千克,石膏1千克,生石灰6千克,磷酸二氢钾0.1千克。

6)配方6 玉米芯40%,锯末30%,麸皮20%,玉米面5%,豆粕3%,石灰1%,石膏1%。

6.培养料配制

1)配料 按培养料配方比例称好各种原辅料,将原辅料倒入搅拌机内加水混合拌匀。

2)搅拌 利用大型搅拌机进行混合搅拌,根据培养料重量决定加水数量,搅拌时间应在 30 分以上,保证营养物质和水分混合均匀,无死角,木屑、玉米芯等主料可以通过提前预湿来减少搅拌的时间,麦麸、米糠和玉米面等辅料应先混合均匀,在装料前半小时倒入搅拌,2 小时内尽快完成装袋,立即灭菌。

3)加水数量控制　培养基含水量控制在 63%~67%,pH 7~8。

4)注意事项　高温季节,在搅拌机上方安装风扇,及时排除搅拌过程中产生的热量,以避免和减轻发热、酸败。

7. 装袋

1)塑料袋规格和培养料装料量　塑料袋规格为 18 厘米×35 厘米×0.05 毫米聚丙烯袋,每袋湿料 1 200 克左右(0.45 千克干料量)。

2)装袋方式　采用双重压自动装袋机装袋。

3)袋口处理技术研究　将栽培料装进栽培袋后,袋口要用一定的方法进行封口,以进行灭菌。在胶塞、棉花、扎绳和套环等 4 种封口方式中,采用套环封口(图 3-10-4)时,接种时操作方便,灭菌效果最好,成本较低。

图 3-10-4　套环封口

8. 灭菌

1)灭菌容器　自焊全钢抗高压灭菌容器,一次可以灭菌包 3 000 袋。

2)菌袋盛放容器的设计与制作　综合考虑塑料筐、木筐和铁制筐的优缺点,选择自焊铁制防锈筐,强度高,耐用性好,物美价廉。

3)灭菌容器内菌袋的摆放　灭菌及灭菌结束后冷凝水常导致污染率增加,因此每个铁制筐放置 16 个菌袋后,在上面放置一层薄膜,起到防止冷凝水落至菌袋上的作用,效果良好。

4)灭菌时间确定　灭菌温度 126℃,灭菌时间 3 小时,灭菌效果最彻底。灭菌结束后,自然降压至压力表为 0,稍停一段时间后再打开锅门。

9. 冷却　冷却室进行清洁消毒,安装空气净化机,至少保持 10 000 级的净化度;制冷机设置为内循环,要求功率大,降温快。

大型工厂的灭菌锅为双开门,灭菌后的锅门对应净化冷却间,灭菌后的栽培袋应移

到预先消毒的冷却室或接种室中冷却,通过自然降温和强制冷却工序后,待到料温降至28℃左右,进入接种程序。

10. 接种

1)固体菌种接种　接种室内传统方法接种,每人每天(8小时)800袋左右。采用先进的净化车间内半自动接种技术,接种效率大幅提高,接种污染率降低至1%以下,4人单班(8小时)生产效率提高至10 000袋,每人单班接种2 500袋,较全人工接种效率提高3倍以上。

2)液体菌种接种　液体菌种接种量控制在30毫升菌丝培养液,人工接种注意控制接种量一致。接种时注意将液体菌种在袋内上、中、下部均匀分布,上层料面多注入菌种,将液体基本铺盖料面。

11. 菌丝生长期管理　放袋前一周,将培养室打扫干净,并消毒一次。菌丝在菌袋中生长,培养温度非常重要。控制培养室温度在24~26℃,空气相对湿度在60%~70%。

12. 后熟培养

1)后熟温度　菌丝长满袋后,应控制温度在26~28℃,空气相对湿度在70%~80%,通风闭光条件下,继续培养30~35天(不同菌种),以促进菌丝生理成熟。直至菌袋内菌丝生长浓白后转入催蕾管理。培养后期要给予一定光照刺激,光照强度不低于100勒。

为了加快后熟的速度,后熟温度可以适度提高,在部分厂家应用结果表明,后熟温度提高到28~30℃,菌丝的后熟效果更好,出菇期可以提前,出菇一致性更好。

2)后熟时间　在适宜的温度下继续培养30~35天(不同菌种),即可达到菌丝生理成熟,具备出菇能力,但不同品种之间差别较大,有的品种需要后熟50天才能使批量生产的白灵菇出菇整齐。个别早熟的品种,后熟期25天,也能正常出菇。因此,后熟的时间和温度应根据选用品种的特性决定。

13. 冷刺激

1)白灵菇冷刺激时间节点　试验结果表明白灵菇菌丝不经过特殊的冷刺激处理,只要发菌过程温度适宜,白灵菇菌丝就会自动实现由营养生长向生殖生长转变,在温度、环境空气相对湿度、光照、通风等环境条件适宜的条件下菌丝体就会扭结形成子实体原基。人工培育和工厂化生产时,为了实现白灵菇尽快出菇,并使批量生产的菌袋达到出菇整齐,冷刺激具有促进白灵菇形成子实体的作用。研究表明白灵菇菌丝体达到生理成熟时,适度给予极限低温刺激,可以促使白灵菇菌丝体扭结形成子实体。

冷刺激的最佳时间在搔菌前或搔菌后都可以。

2)冷刺激温度　冷刺激促进白灵菇扭结形成子实体的机理和生物化学变化目前还不十分清楚,试验结果证明0℃是最佳的冷刺激温度。5℃以下都具有冷刺激作用。

3)冷刺激时间　实践证明在0℃的环境中存放24小时,白灵菇就可以正常出菇。2℃3天,也能达到冷刺激效果。

14. 搔菌

1)搔菌时间节点　白灵菇菌丝后熟结束,冷刺激之前或之后均可。

2)搔菌工艺 采用工具,打开袋口,把袋内老菌种去掉,把料面整理平整。

15.催蕾期管理

1)菌袋摆放方式 利用专用出菇架,实现整筐斜放菌袋袋口与地面平行。

2)出菇室环境参数设置

(1)温度 温度控制在14~16℃。10℃以下子实体形成太慢,20℃以上白灵菇子实体难以形成。

7~9℃,子实体从原基到发育成熟20~22天,菇形好,质地密实,白度高。10~12℃,子实体形成期16~20天,菇形好,质地密实,白度受影响。12~14℃,子实体形成期15~16天,菇形不好控制,质地较差,表面白度受影响。14~16℃,子实体形成期14~16天,菇形不好控制,质地较差,表面白度受影响。16~18℃,子实体形成期11~15天,菇形不好控制,质地较差,表面白度受影响。

(2)相对湿度 空气相对湿度控制在85%~95%。

(3)光照强度 给予200~500勒的散射光照。

(4)空气 保持空气新鲜,二氧化碳浓度低于0.06%。

3)菇蕾形成 在以上环境条件下,经12~15天,瓶内培养基表面即会出现米粒状原基。

4)加湿控制设备与控制系统

(1)人工喷水系统 采用普通水管加装喷头,根据管理人员经验实现人为喷水控制,喷水雾化程度低,环境空气相对湿度难以稳定保持。

(2)自动化雾化喷灌系统 采用塑料管加装雾化喷头,加装时间控制器实现自动定时喷雾,喷水雾化程度低,环境空气相对湿度难虽然可以稳定保持,但是水珠大,影响白灵菇子实体生长发育。

(3)超声波加湿系统 采用超声波设备,加装自动感应装置实现自动控制环境空气相对湿度,雾化效果好,但需要使用纯净水,设备维护困难。

(4)新型干雾雾化系统 采用新型干雾雾化装置,通过自动感应装置实现自动控制环境空气相对湿度,雾化效果好,可以使用普通水。

16.育菇期管理

1)疏蕾 白灵菇子实体形成后,每袋保留1个菇蕾,如果袋料面只形成1个菇蕾,就应注意加强培育。如果袋内料面形成2个以上菇蕾,则应挑选一个健壮、长势良好的保留,其余的用专用工具剔除。

2)低温蹲菇 菇蕾定位后,保持环境温度低于8℃,维持5天左右,培育健壮菇蕾。

3)光照方位固定 从蹲菇开始,白灵菇子实体的菇蕾就应固定方向,不能因为剔菇或其他人为活动改变袋子和光照的方向,从而保证菇蕾正常生长发育,培育良好的菇型。

4)培育优质菇

(1)温度控制 保持环境温度不低于8℃,不高于13℃。

(2)空气新鲜 通风设置与二氧化碳浓度控制,定时通风换气或自动通风换气,二氧化碳浓度保持在 1 572 毫克/米³ 以下。

（3）环境空气相对湿度控制　环境空气相对湿度控制在 85% 左右，子实体菌盖发育到接近七成熟时，适度降低空气相对湿度至 80% 左右。

（4）光照控制　光照强度维持在 200 勒左右。

16. 采收

1）采收　白灵菇采收的标准为白灵菇的子实体在八成熟时采收较适宜，此时菇体外观洁白，致密有弹性，菌盖边缘内卷，菌褶排列整齐，菌盖直径为 10～15 厘米（图 3-10-5），有部分小菇的菇盖直径达不到 10 厘米，但其已接近成熟，也应将其采收。

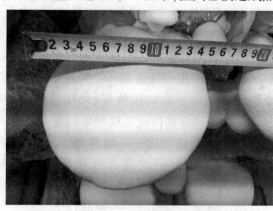

图 3-10-5　适宜采收子实体

采摘人员不得留长指甲，采摘前，手、不锈钢小刀及装菇的容器应用清水洗涤干净、晾干，采摘时采收人员应戴一次性手套。采收时用手握住菌柄基部轻轻扭下，并削去菌柄基部杂物。

2）整理分级　采菇后第一步要先将菇体上附带的杂质，如菌柄上黏附的培养料等去除干净，将经过分级、修整后的鲜菇分别存放（图 3-10-6）。

图 3-10-6　分级存放

3）包装　将采下的白灵菇按商品要求切下一定长度的菇柄，依菇形大小厚薄分级。按不同级别整齐的放入泡沫塑料箱内。

17. 储藏　及时移入 0～4℃ 的冷库中充分预冷，使菇体温度降至 0～4℃ 再进行包装。

每个泡沫塑料箱装鲜菇 5 千克。箱外壁的标志和标签应标明产品名称、企业名称、地址、等级规格、重量、生产日期、储存方法和保质期等,字迹应清晰、完整、准确。

18.运输　运输时应轻装、轻卸,避免机械损伤。运输工具要清洁、卫生、无污染物、无杂物。防日晒、防雨淋,不可裸露运输。不得与有毒有害物品、鲜活动物混装混运。应在 0~4℃条件下运输,以保持产品的品质。

(二)工厂化瓶栽生产模式与技术规程

袋栽和瓶栽模式相比,瓶栽模式的自动化程度更高,代表着白灵菇工厂化生产的发展方向。但瓶栽模式投资大,适合资金实力雄厚的投资者,而袋栽模式投资较小,更适合中小投资者生产。

1.工艺流程　按配方称取所需材料——按照预定含水量加水——搅拌——塑料瓶准备——自动装瓶机装料——打孔——盖盖——灭菌——自然降温——移入强冷间——利用制冷机降至料温 20℃——自动接种机(外接液体菌种进入管道)——自动起盖、自动喷淋接种、自动盖盖——自动传输至接种车间外——移入培养车间设定合理培养温度、湿度、光照强度与二氧化碳浓度——培养 25 天——后熟培养——低温冷刺激房间——搔菌——菌瓶上出菇架——设定合理环境参数——菇蕾形成——疏菇蕾——子实体成熟——采收——分级——包装——冷藏。

采菇后的菌瓶——自动挖瓶机——菌渣——空瓶。

2.生产时间　常年生产。

3.菌种准备

1)母种制作　采用 PDA 培养基,马铃薯 200 克(用浸出汁),葡萄糖 20 克,琼脂 20 克,水 1 000 毫升,pH 自然。

2)原种制作

(1)配方一　麦粒(含水量 55%~60%)98%、蔗糖 1%、轻质碳酸钙 1%。

(2)配方二　棉籽壳 90%,麦麸 7%,玉米粉 2%,石膏 1%,含水量 63%~67%。

原种容器均用塑料瓶,1 100 毫升容积为宜。将浸泡透的小麦(无白心,春季 12 小时,冬季 24 小时)蒸煮 20 分,沥水冷却后撒入蔗糖、轻质碳酸钙,拌匀后装瓶,装至瓶肩处。棉籽壳培养基要在瓶中间打孔至离瓶底 3 厘米处。盖好瓶盖,排放在塑料周转筐内,每筐放 16 瓶。将装好培养基的塑料瓶放入周转筐,进行高压灭菌,待压力达 0.15 兆帕(对应 126℃)时,保持 2 小时。

当瓶内培养基冷却至 25~28℃时,移入无菌室进行接种。菌种宜选择优质高产、抗杂性强、无杂菌和虫害侵染的。

接种后移入 22~24℃的养菌室培养,一般 22 天长满瓶。发现污染应及时将其清理出培养室。

3)栽培种制作　同原种,是原种的进一步扩大繁殖,每瓶原种可扩接栽培种 40~50 瓶。

4)液体菌种制作　液体菌种需要提前 15 天开始制作,摇瓶菌丝培养需要 5~7 天,发酵罐培养 5~7 天。

4.培养基配方

1)配方一　玉米芯 300 千克,棉籽壳 100 千克,麸皮 90 千克,石灰 5 千克。

2)配方二　棉籽壳 500 千克,麦麸 40 千克,玉米粉 20 千克,石膏 12.5 千克,石灰 12.5 千克,磷酸二氢钾 1 千克,尿素 1.5 千克。

5.培养料配制

1)配料　按培养基配方比例称好各种原辅料,将原辅料倒入搅拌机内加水混合拌匀。

2)搅拌　利用大型搅拌机进行混合搅拌,根据培养料重量决定加水数量,搅拌时间应在 30 分以上,保证营养物质和水分混合均匀,无死角,木屑、玉米芯等主料可以通过提前预湿来减少搅拌的时间,麦麸、米糠和玉米粉等辅料应先混合均匀,在装料前半小时倒入搅拌,一般采用二次搅拌(图 3-10-7 和图 3-10-8),以保证原料之间以及原料与水分混匀。争取 2 小时内完成装瓶。

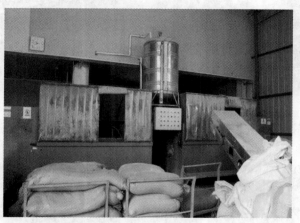

图 3-10-7　一次搅拌

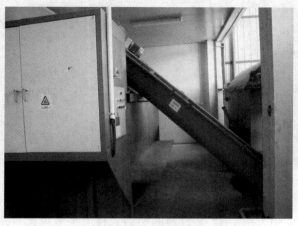

图 3-10-8　二次搅拌

3)加水数量控制　培养基含水量控制在 63%~67%,pH 7~8。

4)注意事项　高温季节,在搅拌机上方安装风扇,及时排除搅拌过程中产生的热量,以避免和减轻发热、酸败。

6. 装瓶

1) 塑料瓶规格　以聚丙烯塑料瓶为容器，1 100 毫升容积为宜。

2) 装瓶　用装瓶机装瓶，装料高度为瓶口下 1.0~1.5 厘米。由自动装瓶机装瓶（图 3-10-9），生产效率高，培养料高度一致，料面距瓶口约 1.5 厘米，瓶口培养料自动留下 5 个接种孔，其中中间孔较大，直径 1.2~2 厘米，四围的 4 个孔较小，直径约 1 厘米。

图 3-10-9　自动装瓶机装瓶

3) 摆放　盖好瓶盖（图 3-10-10）后放入周转筐内。装瓶与搬运过程中要轻拿轻放。

图 3-10-10　自动封盖机封盖

7. 灭菌

1) 摆放　利用专用灭菌层架，装好料的塑料瓶整筐平放灭菌台车的层架上，层架高度根据灭菌锅尺寸决定。

2) 灭菌　采用高压灭菌（图 3-10-11 和图 3-10-12）。

图 3-10-11 方形灭菌器

图 3-10-12 圆形灭菌器

通入蒸汽,利用排气阀门排除灭菌锅内冷空气,大型灭菌锅采用自动抽真空排气,冷空气排除彻底,灭菌效果更好。待压力达0.15兆帕(对应126℃)时,保持2.5小时。灭菌结束后,自然降压至压力表为0,稍停一段时间后再打开锅门。

8.冷却 大型工厂的灭菌锅为双开门,灭菌后的锅门对应净化冷却间,灭菌后的栽培瓶应移到预先消毒的冷却室或接种室中冷却,通过自然降温和强制冷却工序后,待到料温降至28℃左右,进入接种程序。

9.接种

1)净化接种车间消毒 接种各项准备工作做好后,启动净化空气过滤系统,运行30分后,接种人员进入净化接种室,按照规程进行操作前准备。

2)人工接种 净化接种车间的自动输送线,操作人员4人一组,去盖、接种、盖盖等程序连续快速进行,一瓶塑料瓶菌种可以扩接栽培瓶40瓶左右。

3)自动接种机接种 固体接种机的应用提高了接种的效率,接种机可以完成自动去盖、自动接种、自动封盖等工序,每小时可以接种4 500瓶以上,1 000毫升的栽培瓶中接入10~13克菌种。

图 3-10-13 液体菌种自动接种机

4)液体菌种接种 液体菌种接种量控制在30毫升菌丝培养液,人工接种注意控制接种量一致。接种时注意将液体菌种在瓶内上、中、下部均匀分布,上层料面多注入菌种,将液体基本铺盖料面。采用液体菌种自动接种机(图3-10-13)时,注意调整适宜的接种量,每瓶接种量应不低于20毫升。

10. 菌丝生长期管理　放瓶前一星期,将培养室打扫干净,并消毒一次。将装好瓶的筐整齐地立放在层架上。培养初期(7天前)适宜温度为24~26℃,中后期(7天以后)适宜温度为25~26℃。培养期间培养室空气相对湿度控制在70%以下。在黑暗条件下避光培养。培养室二氧化碳浓度控制在0.15%以下,可通过自动通风装置调节。培养10天后对菌丝生长情况进行第一次检查,并及时清理污染瓶。20天后进行第二次检查。经30天左右,菌丝在瓶内料中长满时,进行第三次检查(图3-10-14和图3-10-15)。

图3-10-14　正在发菌菌瓶

图3-10-15　发满菌菌瓶

11. 后熟培养

1)后熟温度　菌丝长满瓶后,应控制温度在26~28℃,空气相对湿度在70%~80%,通风闭光条件下,继续培养30~35天(不同菌种),以促进菌丝生理成熟。直至菌瓶内菌丝生长浓白后转入催蕾管理。培养后期要给予一定光照刺激,光照强度不低于100~200勒。

为了加快后熟的速度,后熟温度可以适度提高,在部分厂家应用结果表明,后熟温度提高到28~30℃,菌丝的后熟效果更好,出菇期可以提前,出菇一致性更好。

2)后熟时间　在适宜的温度下继续培养30~35天(不同菌种),即可达到菌丝生理成熟,具备出菇能力,但不同品种之间差别较大,有的品种需要后熟50天才能使批量生产的白灵菇出菇整齐。个别早熟的品种,后熟期25天,也能正常出菇。因此,后熟的时间和温度应根据选用品种的特性决定。

12. 冷刺激

1)白灵菇冷刺激时间节点　试验结果表明白灵菇菌丝不需要经过特殊的冷刺激处理,只要发菌过程温度适宜,白灵菇菌丝就会自动实现由营养生长向生殖生长转变,在温度、环境空气相对湿度、光照、通风等环境条件适宜的条件下菌丝体就会扭结形成子实体原基。人工培育和工厂化生产时,为了实现白灵菇尽快出菇,并使批量生产的菌瓶达到出菇整齐,冷刺激具有促进白灵菇形成子实体的作用。研究表明白灵菇菌丝体达到生理成熟时,适度给予极限低温刺激,可以促使白灵菇菌丝体扭结形成子实体。

冷刺激的最佳时间在搔菌前或搔菌后都可以。

2) 冷刺激温度　冷刺激促进白灵菇扭结形成子实体的机理和生物化学变化目前还不十分清楚，试验结果证明 0℃是最佳的冷刺激温度。5℃以下都具有冷刺激作用。

3) 冷刺激时间　实践证明在 0℃的环境中存放 24 小时，白灵菇就可以正常出菇。2~5℃3 天，也能达到冷刺激效果。

13. 搔菌

1) 搔菌时间节点　白灵菇菌丝后熟结束，冷刺激之前或之后均可。

2) 搔菌工艺

（1）全部料面搔菌　利用自动搔菌机，清除菌瓶内料面表层老化菌种和菌丝体（图3-10-16）。

图 3-10-16　料面全部搔菌

（2）料面点搔　利用自动搔菌机，更换专用搔菌刀头，实现料面局部搔菌，直径 2 厘米，深度 1 厘米。

（3）打孔点搔　利用专用工具在菌瓶的料面上打孔，直径 1 厘米，孔深 5 厘米（图3-10-17）。

图 3-10-17　打孔搔菌

3）不同搔菌工艺的效果　不搔菌，出菇期需要25天以上，并且料面菇蕾较多，后期疏蕾工作量大；料面全部搔菌，出菇期需要22天以上，并且料面菇蕾较多，后期疏蕾工作量大；料面中间1孔点位料面搔菌，出菇期需要16天以上，孔位处形成一个菇蕾的比率达到75%；料面2孔点位深度搔菌，出菇期需要16天以上，孔位处形成一个菇蕾的比率达到50%；料面2孔点位打孔搔菌，出菇期需要16天以上，孔位处形成一个菇蕾的比率达到75%（图3-10-18）。

图3-10-18　单瓶单菇蕾

14. 催蕾期管理

1）菌瓶摆放方式

（1）整筐直立瓶口向上　搔菌后的菌瓶整筐摆放在出菇室内的层架上，瓶口直立向上。

（2）整菌瓶瓶口与地面平行　搔菌后的菌瓶摆放在出菇室的层架上，瓶口与地面平行（图3-10-19）。

图3-10-19　整筐瓶瓶口与地面平行

(3)整筐斜放菌瓶瓶口与地面平行　利用专用出菇架,实现整筐斜放菌瓶瓶口与地面平行(图3-10-20)。

图3-10-20　整筐斜放

2)出菇室环境参数设置

(1)温度　温度控制在14~16℃。10℃以下子实体形成太慢,20℃以上白灵菇子实体难以形成。

7~9℃,子实体从原基到发育成熟20~22天,菇形好,质地密实,白度高;10~12℃,子实体形成期16~20天,菇形好,质地密实,白度受影响;12~14℃,子实体形成期15~16天,菇形不好控制,质地较差,表面白度受影响;14~16℃,子实体形成期14~16天,菇形不好控制,质地较差,表面白度受影响;16~18℃,子实体形成期11~15天,菇形不好控制,质地较差,表面白度受影响。

(2)相对湿度　空气相对湿度控制在85%~95%。

(3)光照强度　200~500勒的散射光照。

(4)空气　保持空气新鲜,二氧化碳浓度低于0.06%。

3)菇蕾形成　在以上环境条件下,经12~15天,瓶内培养基表面即会出现米粒状原基。

4)加湿控制设备与控制系统

(1)人工喷水系统　采用普通水管加装喷头,根据管理人员经验实现人为喷水控制,喷水雾化程度低,空气相对湿度难以稳定保持。

(2)自动化雾化喷灌系统　采用塑料管加装雾化喷头,加装时间控制器实现自动定时喷雾,喷水雾化程度低,空气相对湿度难虽然可以稳定保持,但是水珠大,影响白灵菇子实体生长发育。

(3)超声波加湿系统　采用超声波设备,加装自动感应装置实现自动控制空间空气相对湿度,雾化效果好。但需要使用纯净水,设备维护困难。

(4)新型干雾雾化系统　采用新型干雾雾化系统,自动控制空间空气相对湿度,雾化效果好,可以使用普通水。

15. 育菇期管理

1)疏蕾　白灵菇子实体形成后,每瓶保留1个菇蕾,如果瓶子料面只形成1个菇蕾,就应注意加强培育。如果瓶内料面形成2个以上菇蕾,则应挑选一个健壮、长势良好的保留,其余的用专用工具剔除。

2)低温蹲菇　菇蕾定位后,保持环境温度低于8℃,维持5天左右,培育健壮菇蕾。

3)光照方位固定　从蹲菇开始,白灵菇子实体的菇蕾就应固定方向,不能因为剔菇或其他人为活动改变瓶子和光照的方向,从而保证菇蕾正常生长发育,培育良好的菇型。

4)培育优质菇

(1)温度控制　保持环境温度不低于8℃,不高于13℃。

(2)空气新鲜　通风设置与二氧化碳浓度控制,定时通风换气或自动通风换气,二氧化碳浓度低于0.06%。

(3)空气相对湿度控制　空气相对湿度控制在85%左右,子实体菌盖发育到接近七成熟时,适度降低空气相对湿度至80%左右。

(4)光照控制　光照强度维持在200勒左右。

16. 采收

1)采收　白灵菇的子实体在八成熟时采收较适宜,此时菇体外观洁白,致密有弹性,菌盖边缘内卷,菌褶排列整齐,菌盖直径为10~15厘米,有部分小菇的菇盖直径达不到10厘米,但其已接近成熟,也应将其采收。

采摘人员不得留长指甲,采摘前手、不锈钢小刀及装菇的容器应用清水洗涤干净、晾干,采摘时采收人员应戴一次性手套。采收时用手握住菌柄基部轻轻扭下,并削去菌柄基部杂物。

2)整理分级　采菇后第一步要先将菇体上附带的杂质,如菌柄上黏附的培养料等去除干净,将经过分级、修整后的鲜菇分别存放。

3)包装　将采下的白灵菇按商品要求切下一定长度的菇柄,依菇形大小厚薄分级。按不同级别整齐的放入泡沫塑料箱内。

17. 储藏　及时移入0~4℃的冷库中充分预冷,使菇体温度降至0~4℃再进行包装。

每个泡沫塑料箱装鲜菇5千克。箱外壁的标志和标签应标明产品名称、企业名称、地址、等级规格、重量、生产日期、储存方法和保质期等,字迹应清晰、完整、准确。

18. 运输　运输时应轻装、轻卸,避免机械损伤。运输工具要清洁、卫生、无污染物、无杂物。防日晒、防雨淋,不可裸露运输。不得与有毒有害物品、鲜活动物混装混运。应在0~4℃条件下运输,以保持产品的品质。

十一、关于白灵菇的采收时期与采收技术的问题 ⋯⋯⋯ ◆

白灵菇采收时期的选择对于鲜品商品品质和货架期具有重要影响。采收过早,单菇产量低;采收过晚,菇体颜色变黄,菇质硬度下降,影响口感。

（一）白灵菇商品菇标准

1. 一级菇　菇体洁白，呈贝壳状或手掌状，菌盖直径 8～15 厘米，单朵重 120～250 克。菌盖平展，表面光滑细腻，边缘圆滑，菇形规则，无明显的皱褶或裂刻。菌褶排列整齐，菌柄长度不超过 2 厘米。整个菇体发育 7～8 分成熟（图 3-11-1）。

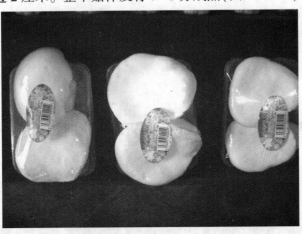

图 3-11-1　一级菇

2. 二级菇　菇体洁白，呈贝壳状或手掌状，菌盖直径 8～18 厘米，单朵重 75～300 克。菌盖平展或稍有波纹，菇形基本规则，菌盖边缘基本光滑，没有明显的皱褶或裂刻。菌褶发育整齐良好，菌柄长度不超过 3 厘米。整个菇体发育 7～8 分成熟。

3. 三级菇　菇体洁白，呈贝壳状或手掌状，菌盖直径 7～20 厘米，单朵重 50～300 克。菌盖平展或稍有皱褶，边缘略呈波浪形，菌盖表面有少量的花纹或细微裂刻，无明显病斑，菌柄长度不超过 5 厘米。整个菇体发育 8～9 分成熟。

4. 等外菇　指不符合一级、二级、三级菇标准的产品（图 3-11-2 和图 3-11-3）。

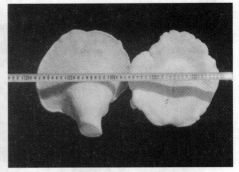

图 3-11-2　表面花纹多的等外菇　　　　图 3-11-3　过于成熟的等外菇

（二）白灵菇采收时期

白灵菇的子实体在八成熟时采收较适宜，此时菇体外观洁白，致密有弹性，菌盖边缘内卷，菌褶排列整齐，菌盖直径为 10～15 厘米，有部分小菇的菇盖直径达不到 10 厘米，但其已接近成熟，也应将其采收。

（三）白灵菇采收技术

1. 初步分选　按照不同等级分别存放。即采菇后第一步要先将菇体上附带的杂质去除干净,如菌盖上泥土、杂草,菌柄上黏附的培养料等。

2. 预冷处理　分好级后白灵菇产品,最好用周转筐盛放,若气温较低也可用塑料袋存放,搬运至温度较低的房间或冷库存放,使菇体温度尽快降低,以抑制其呼吸作用的进行。

3. 装筐　预冷处理 10～15 小时后用塑料袋盛装,一般每袋 5 千克或 10 千克。

4. 外销或冷库短期储存　外销的鲜菇应及时外运,不能外运的移入保鲜冷库中短期储存。

白灵菇 种植能手谈经

十二、关于白灵菇的采后保值增值技术 ------------◆

白灵菇鲜菇含水量大,因而常温常湿环境下体内水分蒸发量也大。

鲜菇采后及时包装,可有效减少水分蒸发,保持商品性质。

采用适宜的储藏技术,可以延长保鲜期。

控温保鲜法是常用保鲜方法。

鲜菇物流应在低温下进行,轻装轻卸,减少挤压和损伤,以减少酶的释放及降低呼吸强度。

（一）白灵菇鲜菇的包装

1. **塑料托盘加保鲜膜包装** 此方法是最简单的包装法，适合小量短期内销售的包装。

2. **泡沫箱包装** 用食品级泡沫箱，一般每箱装5千克，箱口用塑料胶带封口。白灵菇用原纸（不含荧光剂）包装，在箱内要摆放整齐，菌褶朝下，空余空间要用包装纸填塞。

（二）白灵菇鲜菇保鲜

白灵菇的保鲜方法有控温保鲜法、控气保鲜法、辐射处理保鲜法等。

1. **控温保鲜法** 控温方法有自然降温、机械制冷、鼓风制冷等方法。白灵菇采收后，虽然菇体不再生长，但其组织会在酶的作用下发生化学反应，从而使菇体变色、变软，甚至腐烂。另外，菇体上还黏附有大量微生物，微生物繁殖也会导致菇体变色，产生病斑或发生其他变质现象。温度高，酶活性加强，微生物繁殖加剧，菇体变质快；反之，则慢。因而，采菇后要注意将鲜菇放在低温条件下储存。一般鲜白灵菇在0~5℃条件下保存较适宜（图3-12-1），可保鲜7~15天。

图3-12-1　低温保鲜

有条件时采菇后至销售整个过程都采用冷链系统。即采菇后就立刻进入生产者的小型冷库中，再用冷藏车进行运输，销售时采用冷藏存放。这种模式主要适应规模化生产，定点供应，超市销售这种较现代化的生产和销售方式，也是食用菌生产、销售的发展方向。

包装方式采用塑料袋包装,每袋2.5千克,预冷12小时,泡沫箱包装,每箱20千克,夜间运输,5小时车程,进入冷库。批发,进入酒店或市场。超市销售采用托盘,保鲜膜包装,每盘250克。

自然降温,主要指利用自然气温的方法,在采菇后存放在低温的房舍内,尽快外运销售。鼓风制冷技术,主要指鲜菇采收后用周转筐存放在温度较低的库房,用冰块加鼓风机或风扇吹冷气,使库房降温,从而达到延长保鲜期的目的。

2. 控气保鲜法　白灵菇采收后,呼吸作用仍在进行。根据呼吸好氧与放出二氧化碳的机制,降低氧气浓度增加二氧化碳浓度能抑制呼吸,可延长保鲜期。

1)自发气调　利用产品自身的呼吸作用调节储存环境氧气与二氧化碳的浓度。

2)利用气体置换装置　利用特殊的气调保鲜机械抽氧,充二氧化碳和氮。

3)利用选择性透气膜　新开发出的一种新型塑料膜,能控制包装中氧与二氧化碳的比例。

3. 辐射处理保鲜法　辐射处理是食用菌储藏的新技术,与其他保鲜方法相比有许多优越性:一是无化学残留物,能较好地保持原有的新鲜状态;二是节约能源,加工效率高,可以连续作业,易于自动化生产等。

辐射处理的具体方法是:将成熟而未开伞的子实体采摘后,装入多孔聚乙烯塑料袋内,按剂量进行辐射,然后于15℃条件下储藏,可保鲜10~15天。

4. 化学处理保鲜法

1)焦亚硫酸钠处理　选用0.01%焦亚硫酸钠浸泡30分,再用0.1%焦亚硫酸钠浸泡30分,然后捞出沥干。在10~15℃下保存,效果良好,色泽可长期保持洁白,但储温高于30℃时,会逐渐变色。

2)盐水处理　将鲜菇放进0.6%的盐水中浸10分捞出沥干,装入塑料袋中保存,在15~25℃条件下,盐水处理的鲜菇储期可延长3~5天。

3)激素处理　用0.01%的6-氨基嘌呤溶液浸泡鲜菇10~15分,取出沥干后装入塑料袋内储存,能延缓衰老,保持新鲜。

5. 冰冻保鲜法

1)速冻法　白灵菇采收后经过挑选分级,用塑料筐或塑料袋包装后再放入纸箱内,在-80℃条件下将菇体速冻,然后放入-18℃冷库内,可以保存一年。

2)简易冰冻法　将白灵菇切成2~3毫米厚的薄片,用聚乙烯塑料膜封装,置-18℃以下低温条件冰冻储存,可保鲜3~5个月。

6.其他保鲜方法　除以上保鲜方法外,还有减压保鲜和负离子保鲜等方法。

(三)白灵菇鲜菇贮藏技术

白灵菇包装保鲜后,应尽量放在4℃冷库中进行储藏,以延长储藏期。

(四)白灵菇物流与长距离运输

1.短途运输　在200千米以内的距离或路程不超过2小时的称为短途运输。收购点距生产者较近,生产者采菇后可及时将鲜菇用塑料周转筐运至收购点,由收购点进行分级和包装。采菇后,气温在10℃以下时,生产者保存期不宜超过15小时;气温在15℃以下,采收后储存不宜超过8小时;气温在15℃以上,采收后6小时内要及时运至收购点,进行分级处理和冷藏。

2.长途运输　采用泡沫塑料箱盛装,用保鲜纸将单个菇包好,按一定顺序放进泡沫塑料箱内,箱内最上面覆盖一层保鲜纸,盖子用胶带封好。每箱白灵菇净重5千克。气温高于20℃时,在泡沫塑料箱的底部放一层厚2~3厘米的碎冰块,冰块上再放一层塑料膜,再在塑料膜上方按层摆放用保鲜纸包好的白灵菇(图3-12-2),用胶带将箱盖密封好。如果没有冰块,也可用矿泉水瓶盛装自来水冰冻,置于泡沫塑料箱中降低温度,装好快速起运。关于用白纸包裹白灵菇子实体,从食品质量安全角度考虑,白纸外面的荧光剂可能会影响产品质量。使用时可选择白度和亮度稍低的纸张。

图3-12-2　保鲜纸包裹

3.航空运输　利用飞机运输白灵菇,可缩短白灵菇产地到销售市场的运输时间,从而保证产品的新鲜。从河南省的产地到广州市场,产品到达时间不超过24小时。在气温低于10℃的自然条件下,采用泡沫塑料箱盛装,用保鲜纸将单个菇包好,按一定顺序放进泡沫塑料箱内,箱内最上面覆盖一层保鲜纸,盖子用胶带封好。每箱白灵菇净重5千克。气温高于20℃时,在泡沫塑料箱的底部放一层厚2~3厘米的碎冰块,冰块上再放一层塑料膜,再在塑料膜上方按层摆放用保鲜纸包好的白灵菇,用胶带将箱盖密封好。如果没有冰块,也可用矿泉水瓶盛装自来水冰冻,置于泡沫塑料箱中降低温度,装好快速起运。

白灵菇 种植能手谈经

十三、关于白灵菇的常见病、虫害防治问题 ————————◆

自然界中,病原微生物普遍存在。

营养丰富的培养料和白灵菇的出菇环境有利于病虫害滋生、繁殖。

病、虫害常交叉感染和传播。

白灵菇栽培的特性决定了病、虫害一旦蔓延,很难治理。

白灵菇栽培的过程,也是与病、虫害做斗争的过程。病虫害可防可控!

应把病、虫害综合防控的理念贯穿到栽培过程始终!

（一）出菇前常见的问题及防除

白灵菇制种及栽培生产阶段都会遇到各种杂菌的侵染,杂菌与白灵菇菌丝争夺营养和空间,有的抑制白灵菇菌丝生长,有的分泌毒素杀死白灵菇菌丝,严重时会造成栽培失败。

1.木霉

1)表现症状　木霉,又称绿霉菌,是白灵菇菌丝生长期易发生的主要杂菌之一。受感染的料面上,初期产生灰白色棉絮状的菌丝,后从菌丝层中心开始向外扩展,最后转为深绿色并出现粉状物的分生孢子。菌落表面颜色为不同程度的绿色,有浅绿、黄绿、蓝绿等,木霉菌丝除与白灵菇菌丝争夺营养外,还分泌毒素,能抑制白灵菇菌丝的生长,甚至杀死白灵菇的菌丝。木霉菌丝繁殖迅速,常在短时间内暴发,造成严重的危害。

2)发生原因　木霉在温度 4~24℃ 都能生长,孢子萌发温度为 25~30℃,空气相对湿度为 95%。稍干燥的条件下木霉的孢子不会死亡。木霉的孢子可在空气中传播,或在培养料和覆土等材料中,通过各种操作过程将木霉孢子带入栽培场和培养室。

3)防治方法

①搞好菇房和培养室的卫生,注意对环境经常进行消毒,做好通风换气,防止高温高湿。

②生产菌种时要严格灭菌,无论高压或常压灭菌,都要保证灭菌必须彻底。

③栽培料中加入 2%生石灰粉,加入 50%多菌灵可湿性粉剂 0.1%,调节培养料的 pH 为 8~9,装袋时掌握好料的松紧度,不要太紧。

④控制培养料的含水量,以宁干勿湿为原则。培菌期防止环境温度超过 28℃。

⑤对木霉要预防为主,治疗为辅。发菌期勤观察,发现有木霉菌感染,要及时处理。局部发生时可在感染部位涂抹 5%清石灰水,或 0.2%多菌灵水溶液,或 200 倍克霉灵水溶液。

2.青霉

1)表现症状　该病在白灵菇制种和栽培阶段都可发生。菌落初为白色,很快转为松棉絮状,大部分呈灰绿色。青霉的孢子在28~32℃高温、高湿条件下1~2天就萌发成菌丝,菌丝体白色,繁殖迅速,很快形成绿色的孢子堆,其生长速度没有木霉快,气生菌丝密集。

2)发生原因 青霉孢子在28~32℃萌发,菌丝生长适温为20~30℃,空气相对湿度为80%~90%,在高温、高湿、通气不良、培养料偏酸的条件下易发生和生长。其主要传播途径为由孢子随空气飞散传播。

3)防治方法 同木霉。

3. 曲霉

1)表现症状 曲霉常见的种类有黑曲霉、黄曲霉、烟曲霉和白曲霉等。

曲霉菌属菌落的颜色多种多样,而且比较稳定,黑曲霉呈黑色,黄曲霉呈黄绿色,烟曲霉呈现灰绿色,白曲霉呈现乳白色。曲霉与白灵菇菌丝争夺养料,也能分泌毒素,抑制白灵菇菌丝的生长。

黑曲霉发生时,菌丝初为白色透明。其菌落黑褐色至灰黑色。黑曲霉在25~30℃的温度,空气相对湿度85%以上时易发生,常污染菌种。

黄曲霉,菌丝初为白色透亮,菌落呈现黄绿色,疏松。黄曲霉在25~30℃的温度,空气相对湿度大于85%时繁殖较快。黄曲霉能产生黄曲霉素,是一种较强的致癌物质,该菌也主要污染菌种。

2)发生原因 曲霉菌的发生条件为温度高、湿度大,其传播主要靠空气传播,污染原因主要是培养料本身带菌或培养室消毒不严格。

3)防治方法 可参照木霉的防治。

4. 链孢霉

1)表现症状 链孢霉又名脉孢霉、串球霉、红色面包霉。链孢霉的菌落初为白色粉粒状,很快变为橘黄色绒毛状,蔓延迅速,在培养料表面形成一层团块状的孢子团,呈橙红色或粉红色。特别是棉塞受潮时,橙红色的霉呈团状或球状长在棉塞外面,轻微震动,其分生孢子即随气流扩散。白灵菇培养料发生链孢霉季节主要是秋季,春季发生较少,一旦发生,传播较快。夏秋之季,在生霉的玉米芯上,也常可看到链孢霉(图3-13-1)。

图3-13-1 链孢霉

链孢霉的菌丝白色、疏松、网状、较长。链孢霉的生活力很强,分生孢子耐高温,在湿热下70℃可持续4分才死亡,干热可耐121℃的高温。在温度25℃以上,空气相对湿度在85%~90%,繁殖极快,2~3天就可完成一代。传播方式主要为粉状孢子随气流扩散飞扬传播。

2)发生原因　制菌种时易发生,培养料灭菌不彻底,接种箱消毒不严,接种操作带菌,培养室消毒不好,都可引起链孢霉的发生。

3)防治方法

①在制种和栽培中应先用新鲜无霉变的原料,陈年原料在用前要进行暴晒。

②在培养料配制过程中添加2%生石灰,0.1%多菌灵粉剂。生料栽培时培养料要经高温发酵5~7天。

③制作菌种时要灭菌彻底,用瓶制菌种时应防止棉塞受潮。夏秋季接种时,接种箱和接种室应消毒,适当加大用药量,保证接种无菌操作。

④加强培养室消毒和管理,夏秋季每隔7~15天培养室用甲醛或硫黄熏蒸消毒一次,每天通风1~2次,保持室内干燥,室内潮湿时及时撒生石灰粉排湿消毒。

⑤菌丝生长期勤观察、多检查,发现有链孢霉发生要及时处理。有少量发生时,要用废纸将感染的菌袋或菌瓶包严,迅速移出室外掩埋或焚烧,防止进一步蔓延。

5.毛霉

1)表现症状　毛霉,又叫长毛菌。菌落初为白色,棉絮状,老后变为黄色、灰色或浅褐色。毛霉菌丝生长迅速,能深入培养料中,争夺水分和养分,在培养料表层形成一个覆盖层,抑制白灵菇菌丝的生长。

毛霉的孢囊孢子随气流传播,在25~30℃温度下萌发成菌丝体,在潮湿的环境下生长迅速,白灵菇制种或栽培,一旦感染毛霉,毛霉菌丝生长迅速,其速度为白灵菇菌丝生长速度的5~10倍。

2)发生原因　毛霉在自然界分布很广,土壤和空气中都有毛霉的孢子存在,在温度25~30℃,空气相对湿度85%~95%,通风不良的情况下极易发生。

3)防治方法

①高温季节制种时,在培养料中加入2%生石灰。再加0.1%多菌灵,加水不宜过多。

②生料栽培时,拌料前将原料暴晒,利用阳光中的紫外线杀死病菌的孢子,最好将培养料发酵5~8天。

③加强培菌环境的通风换气,防止高温高湿。

④出现毛霉感染时,将感染的菌袋集中隔离管理,移至阴凉通风处,促进白灵菇菌丝生长,利用白灵菇菌丝生长的优势,将毛霉菌丝吃掉,白灵菇菌丝满袋后,仍能正常出菇,但感染毛霉的菌种不宜再做种子使用。

⑤感染毛霉较重的菌袋,采取降温通风措施后,毛霉仍继续生长,可采用5%浓石灰水涂抹感染部位,或用0.2%多菌灵溶液注射感染部位。

⑥采取多种防治措施仍效果不好时,可将感染菌袋的培养料倒出晒干,改作他用,或发酵处理后二次种植。

6. 根霉

1)表现症状 根霉又称黑色面包霉,菌落初为白色棉絮状,后变为淡灰黑色和灰褐色。根霉菌丝白色透明,与毛霉相比,气生菌丝少,菌丝体棉絮状,在培养料表面形成一层黑色颗粒状霉层。

根霉常见为无性繁殖,为孢囊孢子,孢囊球形,孢囊内是囊孢子,球形、卵形。传播途径为空气传播。

2)发生原因 根霉同毛霉一样,自然界分布广泛,土壤和空气中都有它的孢子,在气温高、通风不良的条件下易大量发生。

3)防治方法 同毛霉。

7. 细菌

1)表现症状 细菌分布广,繁殖快,常造成菌种及栽培料的污染。细菌菌落很小,多数表面光滑、湿润,半透明或不透明,常发出恶臭味。在母种培养基上常表现为黏液状,使白灵菇菌丝不能生长。栽培料受污染后,多数变黏或腐烂,有时会出现乳白色黏液,打开袋后会散发出难闻的气味。用麦粒制作菌种时,常出现细菌污染,在麦粒周围出现淡黄色的黏液,影响白灵菇菌丝生长。

细菌在自然界种类繁多,个体形态有杆状、球状或弧状。细菌个体极小。有些细菌在细胞内能形成圆形或椭圆形的无性休眠体结构,称为芽孢,芽孢的壁很厚,含水量小,化学药物不易渗透,对高温、光线、干燥和化学药品有较强的抵抗力。有些细菌繁殖很快,在温度28℃,空气相对湿度80%,pH 3~10的适宜条件下,一个细菌在10小时内就可以变成10亿个。

2)发生原因 培养料、水、空气中都含有大量的细菌。麦粒或玉米粒中含有30多种不同类型的细菌,所以在用谷粒制菌种时常发生细菌污染。灭菌不彻底是细菌发生的主要原因,培养料含水量过大、通风不好、环境温度过高,也是引起细菌污染的原因。

3)防治方法

①制作母种培养基灭菌时要将锅内冷空气排尽,锅内试管摆放不太紧密,灭菌时间要充足。

②用麦粒制作菌种时,要选择新鲜、干净、无霉变、无虫蛀的优质小麦做原料,高温期浸泡时间不宜太长,煮麦粒时切忌将麦子煮烂,配料时加入1%生石灰和0.1%多菌灵。最好采用高压灭菌,灭菌时间延长到2小时以上。

③高温期栽培时,培养料进行发酵处理。

④培菌期加强培养室通风,防止高温高湿。

⑤局部发生污染时,用100倍的甲醛水溶液或200倍的克霉灵溶液涂抹或注射感染部位。

8. 酵母菌

1) 表现症状　酵母菌是一类细胞真菌,在自然界分布很广,在培养料上多数不能形成菌丝,喜欢生长在含糖量高又带酸性的环境里。酵母菌的菌落与细菌相似,菌落表面光滑、湿润,有黏稠性,菌落大多呈乳白色,少数呈粉红色(图3-13-2),比细菌的菌落大而厚。

图3-13-2　酵母菌污染

被酵母菌感染的培养料会发生浓重的酒味,引起培养料酸败,使白灵菇菌丝生长受到抑制。

2) 发生原因　培养料水分过大,装料时压得太实,通气不良,环境温度超过25℃,空气相对湿度过大时易发生。

3) 防治方法　参照细菌的防治部分。

9. 鬼伞

1) 表现症状　鬼伞又称野蘑菇。在生料栽培过程中,常因培养料温度过高,湿度过大,通气不良时大量发生。鬼伞不分泌毒素,但生长速度快,与白灵菇争夺养分、水分,影响白灵菇生长,甚至使白灵菇不能出菇。

鬼伞菌丝呈灰白色,菌丝细弱,菇蕾为白色米粒状,生长较快,3~4天即可成熟。鬼伞的子实体菌盖灰白色,菇盖薄小,易碎,呈伞形,菌褶黑灰色,菌柄细长,中空,开伞后菌盖自溶,溶化后出现黏墨汁状,夏秋季节在腐熟的有机物上能经常见到(图3-13-3)。

图3-13-3 鬼伞

常见的鬼伞有长根鬼伞、毛头鬼伞、墨汁鬼伞、粪鬼伞等。

2)发生原因 鬼伞子实体在溶化之前,散发出大量的孢子,孢子随风传播,栽培时培养料本身也含有鬼伞的孢子。当培养料内温度超过30℃,湿度大于65%,鬼伞的孢子就会大量萌发。培养料内营养丰富,含氮量较高时,会使鬼伞发生较重。

3)防治方法

①选用新鲜干燥的优质原料,陈年原料在使用前进行暴晒。

②掌握适宜的加水量,配料时营养不宜加多,添加尿素不宜超过0.3%。高温期配料时增加生石灰水量,或进行发酵处理。

③装料不宜太实,袋口最好扎上通气塞。

④高温期栽培时,菌袋不宜堆积太高,气温25℃以上,应将菌袋单层排放,防止料温过高。

⑤发现鬼伞及时清除,防止蔓延,或将发生鬼伞的菌袋集中到一起,解开袋口,加大通风量,促进白灵菇菌丝生长。

⑥鬼伞菌丝细弱,经不住阳光照射,有少量鬼伞发生的菌袋,可放在太阳光下晾晒,但时间不宜太长,以免杀死白灵菇菌丝。

⑦用5%~8%石灰水注射鬼伞发生的菌袋,也能抑制鬼伞的进一步发展。

10.裂褶菌

1)表现症状 裂褶菌是一种可以形成子实体的菌类,感染此病的菌袋,裂褶菌的菌丝比白灵菇菌丝生长快,菌丝灰白,与白灵菇菌丝的交界处形成明显的拮抗线带,后期在温度、湿度等条件适应时形成子实体。裂褶菌的菌盖1~3厘米,无柄,扇形或圆形,表面密生粗毛,白色或灰褐色。菌褶白色到灰色,每片菌褶边缘纵裂为两半,近革质(图3-13-4)。

图 3-13-4　裂褶菌

2）发生原因　裂褶菌的菌丝生长温度 10~42℃，最适温度 28~35℃。菌袋破裂或原料中带菌都会感染，接种过程也会感染此病。

3）防治方法　同木霉。

专家点评

十四、关于白灵菇的简单加工技术

我国白灵菇加工技术薄弱,加工型产品极少。

白灵菇加工后的很多产品深受消费者喜爱。

白灵菇深加工前景非常广阔。

白灵菇简单加工,可以使消费者在非白灵菇生长季节里享用到白灵菇美味,有利于拉长产业链条,提高消费档次。

白灵菇干制,是我国传统的简单加工方法。

白灵菇盐渍及罐头加工品,省去泡发过程,方便食用。

白灵菇原料,除用于烹调外,还可加工制成各种罐头等。

原料加工后,其价值可上升5倍以上。

知识链接

下篇 专家点评

（一）自然晾晒法

依靠风吹日晒等自然条件使新鲜白灵菇干燥，使菇体内部的含水量达到一定水平，能够在自然条件下长期保存。

具体做法是将适时采收的白灵菇摊铺于晒帘上，晒帘以竹编或苇编比较适宜。将白灵菇子实体切成片，菌褶朝上，依次排放，利用阳光晒干。

（二）烘干法

与自然晒干相比，热风烘干不受气候条件限制，人为地控制干燥条件和时间，且杀菌较彻底，更利于长期保存。一般设备有烘房、干燥机、简易干燥箱等，可以根据生产规模大小，选择适当的设备。

具体方法是选用新鲜、菌盖完整、无机械损伤及无病虫害、菇色较好、富有弹性的白灵菇子实体，用切片机将菇体纵向切片，其厚度一般为 0.4～0.45 厘米，切片后立即均匀摊在烘筛上烘烤，直到菇体含水量降至 8% 左右，用塑料袋进行包装储藏（图 3-14-1）。

图 3-14-1　烘干的白灵菇切片

（三）盐渍法

白灵菇盐渍加工工艺与其他食用菌盐渍方法基本相同，工艺流程为：原料验收、漂洗护色、预煮杀毒、分级、盐渍、装桶、检验。

盐水白灵菇的盐渍加工过程如下：

1. 漂洗　采用的鲜菇要及时清除杂质，用0.02%焦亚硫酸钠溶液漂洗,清除菇表的泥沙及表层污秽物,洗净后捞出倒入0.05%焦亚硫酸钠溶液中浸泡护色,10分后捞出用清水漂洗,将残留菇表的焦亚硫酸钠基本去除干净。漂洗用的两种焦亚硫酸钠溶液可连续使用5次后再进行更换。

2.预煮 预煮液是10%的盐水。先将盐水在铝锅或不锈钢锅内煮沸,再将漂洗干净的白灵菇放入盐水中预煮,不断翻动,约煮8分,以煮透为度。而后捞起放入冷水中冷却,要冷透至心。预煮液可连续使用5次,但第三次预煮出锅后,可以加入适量的食盐,补充锅内的盐水浓度。

3.分级盐渍 对分级后的白灵菇,分别进行盐渍。拌盐量以煮熟菇体重量计,每100千克菇拌盐15千克,撒一层食盐放一层菇,将菇和盐拌匀。盐渍48小时后,立即装入桶内。

4.装桶 使用50千克容量的木桶或塑料桶。先将桶洗净,灌入22%盐水3～5千克,再将50千克菇装入桶内。然后加盐水浸没菇体,以后要经常检验盐水是否减少,以便及时补充。经10天左右,桶内盐分、重量稳定后,用有孔的塑料块将菇体压入盐水内,外加木盖、竹盖或塑料盖,将桶封闭。

5.检验检查菇体色泽、盐水浓度,检验合格,便可销售(图3-14-2)。

图3-14-2 盐渍白灵菇成品

忠告家行

盐渍白灵菇要注意用水必须干净,水质要符合无公害农产品加工用水标准,使用的盐最好是精盐,以海产盐质量最好,可提高盐渍白灵菇的质量,保存期长,保存期间不易出现变质、腐烂等问题。

盐渍白灵菇应放在阴凉、干燥、没有阳光直射的地方保存,环境温度不宜超过30℃。

（四）罐头加工

制罐的一般工艺流程为：原料菇的选择、漂洗、预煮、分级、装罐、加汤汁、预封、排气封罐、杀菌冷却、检验、包装。

1. 原料菇的选择　菇体完整，大小适宜，无病虫发生的鲜菇。

2. 漂洗　将鲜菇倒入 5% 食盐和 1% 柠檬酸混合水溶液中，轻轻上下翻动，洗去泥沙杂质。漂洗 2 分（图 3-14-3）。

图 3-14-3　漂洗

3. 预煮　先将配置好的 0.1% 柠檬酸溶液在预煮机中煮沸，然后放入漂洗好的白灵菇，水与菇之比为 3:2。继续煮沸至煮透为止（8~12 分），然后冷却。

4. 分级　挑出菌盖裂开，畸形，色泽不良等不适宜整装的菇。

5. 装罐　用马口铁罐或玻璃瓶罐。装罐前应严格进行检查，剔除不合格的罐。然后在 90~95℃ 热水中洗净，倒置于清洁的金属架上沥干备用（图 3-14-4）。

图 3-14-4　装罐

6. 加汤汁　一般汤汁配方是：精盐 2.3%~2.5%，柠檬酸 0.5%，加汤汁时，汤汁温度应在 80℃ 以上。

7. 预封,排气和密封　加热排气时,3 000 克装罐排气温度 85~90℃ ,17 分;284 克装罐排气温度 85~90℃ ,7 分。如果用真空排气密封,真空密度要求为 3 432~3 922 帕(图 3-14-5)。

图 3-14-5　密封

8. 灭菌和冷却　排气密闭后的罐头应在 1 小时内进行灭菌(图 3-14-6)。依灌装规格不同,灭菌工艺也不同。净重 198 克、284 克、425 克、184 克装罐,灭菌式是:18′-17′-20′/121℃ (18′-17′-20′/121℃ 即升温 18 分,121℃杀菌 17 分,降温 20 分);净重 850 克装罐,灭菌式是:15′-27′-30′/121℃;净重 3 062 克、2 840 克、2 977 克装罐,灭菌式是:15′-30′-40′/121℃。灭菌完毕,进行反压冷却。

图 3-14-6　灭菌

9. 检验和包装　在库房内存放两周后进行检验,合格后包装(图 3-14-7 和图 3-14-8)。

图 3-14-7　存放待检

图 3-14-8　包装

十五、白灵菇菌渣的处理与再利用问题 --------------◆

菌渣中仍含有丰富的营养。

菌渣中携带或隐含有病菌或虫卵,条件适宜,病虫害会扩散。

空气中病菌孢子浓度增大,成功栽培食用菌的难度加大。

不少食用菌产区菌渣到处堆积,严重污染环境。

菌渣不及时处理,将影响食用菌产业的可持续发展。

菌渣处理途径很多,因地制宜地选择处理办法可收到事半功倍的效果。

菌渣处理已成为循环农业的一个节点。现已有企业从事菌渣设备研发、菌渣处理和综合利用方面的开发。

菌渣处理成本相对较高,呼吁政府对菌渣处理企业给予优惠政策或财政补贴。

白灵菇菌渣,又称白灵菇下脚料、菌糠等,是白灵菇生产过程中培养料经过出菇后剩余的部分,通常情况下这些剩余的培养料是最初配制时干重的80%。这些材料中含有丰富的蛋白质、矿物质、木质素、纤维素等,其利用途径有以下几种。

　　(一)菌渣作为培养料再次利用

　　食用菌吸收营养具有一定差异性的特点,可以利用白灵菇菌渣再次栽培其他食用菌。

　　1. 栽培鸡腿菇　将白灵菇菌渣晒干粉碎,按照菌渣75%、麸皮20%、石膏2%、砂糖2%、石灰1%,料水比为1∶1.5,其中石膏、砂糖和石灰应先在水中混溶,再拌入料中,充分混匀。发菌和栽培管理同一般栽培鸡腿菇。

　　2. 栽培草菇

　　1)处理废培养料　将无霉变、污染少的培养料趁潮湿敲碎,晒干备用。

　　2)配制培养料　将晒干的废料加腐熟的牛粪25%～30%,石膏2%～3%,过磷酸钙2%,尿素0.1%,熟石灰3%左右,多菌灵0.2%,敌敌畏0.1%,混合均匀,再加入70%的水将配料拌湿,堆积起来,中间用木棍插一个孔,以利透气。再用塑料薄膜覆盖,发酵3～5天,直到有酵香味、料呈褐色为止。发酵期间,如果堆内温度超过65℃,应翻堆降温。

　　3)准备菌床及播种　将发酵好的培养料摊开降温至33℃左右。用熟石灰调整pH为8～9,然后将培养料铺成波浪形,以增加出菇面积,提高产量。铺一层料,播一次菌种,共播三层。用种量由下层至上层依次递减。总用种量为干料重的15%～20%。播种后,在表面覆1～2厘米厚的肥土,并用水喷湿,然后用塑料薄膜盖好,以利保温。

　　4)加强管理　播种后3～4天,观察菌丝是否蔓延生长。如果没有,应及时补种。培养料温度最好控制在33℃左右。如过高,要揭膜散热或浇水降温;若过低,可于白天用日光照射,晚上用厚草帘覆盖保温。培养料含水量应掌握在65%～70%。含水量过低时,可适当喷水;含水量过大时,可增加通风次数。

　　5)适时采收　在管理得当的情况下,播种后7～10天即可出菇。当草菇发育成椭圆形,菇体光滑饱满,包被未破裂时即可采收。采收时要一手按住周围的培养料,一手轻轻握住菇体左右旋转,轻轻摘下,切忌用力拔。采收后要立即清理床面,并喷 2%~3% 石灰水和 0.1%~0.2% 尿素水,以调整酸碱度和补充养分,增加产量。

3. 栽培双孢蘑菇　按照每 100 米² 用玉米秸秆(事先轧成 20 厘米每段)900 千克、白灵菇菌渣 600 千克、牛粪 1 000 千克、油菜饼 75 千克、尿素 10 千克、过磷酸钙 60 千克、石膏 60 千克、石灰 60 千克、料水比 1 : 1.6 的配方,进行堆制发酵。发酵后可进行双孢蘑菇栽培。

4. 栽培毛木耳　将白灵菇菌渣破碎、晒干,按照菌渣 70%、棉籽壳 20%、稻糠 5%、饼肥 1%、磷肥 2%、石灰 2%,料水比 1 :(1.2~1.3),拌匀后发酵。然后常压灭菌,进行代料栽培毛木耳。

5. 栽培平菇　常用的菌渣栽培平菇如下。

1)配方 1　白灵菇菌渣 50 千克,棉籽壳 40 千克,豆饼粉 5 千克,石膏 1 千克,生石灰 4~6 千克。

2)配方 2　白灵菇废料 55 千克,作物秸秆如豆秸、玉米秆等(粉碎)35 千克,麸皮 2 千克,豆饼粉 5 千克,石膏 1 千克,生石灰 4 千克。

(二)菌渣燃料

1. 直接用作燃料　白灵菇的菌渣出菇后干重减少较少,晒干或放干后可以直接作为燃料使用,一般情况下 2 千克白灵菇菌渣的干料相当于 1 千克普通煤炭的发热量。

2. 供应大型生物质能源电厂作为燃料　有些利用秸秆发电的电厂,专门收集菌渣作为燃料进行发电,可将菌渣收集堆放,卖给电厂。

3. 制作木炭　现在有很多种利用木屑、秸秆等材料制作成型木炭的机械,这些机械可以将木屑等物质压制成球形、棒形的成型材料,更有利于运输和使用。

(三)菌渣有机肥

白灵菇菌渣中有机物含量在 15% 左右,磷含量超过 0.2%,氮含量超过 1%,还含有钾、钙、镁、钠、铜等矿质元素。白灵菇菌渣经过简单的粉碎、堆置发酵,就可以成为优质的有机肥,这种有机肥可以提高土壤有机质含量和土壤保水能力,对提高土壤肥力作用明显。

(四)菌渣饲料

白灵菇菌渣里纤维素、半纤维素和木质素等均已被很大程度分解,粗蛋白质和粗脂肪含量有了较大提高。将无霉变的菌渣粉碎后,作为配料直接饲喂牲畜。

菌渣也可以用饲料酵母进行发酵,发酵后的菌渣粗蛋白质含量高于 20%,可作为禽畜功能型饲料。

（五）菌渣作为花卉培养基质

将菌渣进行堆制发酵，发酵前加入 1% 左右的菜籽饼和 0.1% 的纤维分解微生物。然后将发酵后的菌渣可用来代替部分营养土栽培花卉。

（六）菌渣作为蔬菜无土栽培基质

按照白灵菇菌渣 70%、草炭土 20%、膨化鸡粪 10% 的配方可以作为蔬菜无土栽培基质栽培辣椒、黄瓜和西红柿等。

（七）菌渣制作活性炭

将菌渣用 3~20 目筛进行筛分，去除沙、土和其他杂质；将处理后的菌渣自然干燥或烘干，使干燥后菌渣的含水量为 8%~20%，然后将其粉碎为 20~120 目的粒径；将粒径为 20~120 目的粉末状菌渣，在惰性气体保护下，以 1~20℃/分的升温速率升至 400~600℃ 进行炭化，炭化时间 1~3 小时；将炭化后的材料在温度 700~900℃ 下用活化剂活化 0.5~2 小时即可。

（八）作为畜牧养殖场的垫圈材料

挑选没有严重污染的菌渣，粉碎后晒干或烘干，装入袋中备用，使用时将干菌渣撒入牛、猪等圈内，可以吸收粪便的气味，起到净化环境的作用。

附录　白灵菇的烹饪方法

　　本书向大家介绍一些白灵菇的烹饪方法，旨在引导大家如何更好地食用白灵菇。吃的人多了，白灵菇消费量自然会增加。

白灵菇是一种食用和药用价值都很高的珍稀食用菌。集食用、保健于一身,被尊为食用菌家族中的最上等珍品。白灵菇是一种高蛋白、低脂肪的保健食品,富含18种氨基酸、维生素D及其他多种矿物质,是中老年和青少年补钙的理想之选。白灵菇具有较高的药用价值,可防治老年心血管病、儿童佝偻病、软骨病、骨质疏松等疾病。其所含丰富的真菌多糖,具有防癌抗癌作用,能够增强人体的免疫功能。白灵菇无论是素炒还是制成荤菜,都十分鲜嫩诱人,是百姓餐桌上的佳品。白灵菇食用以鲜品为主,罐头也有食用。

1. 鲍汁白灵菇

1)主料　白灵菇(1朵),西蓝花(1朵)。

2)做法　①白灵菇洗净切大片。用3勺鲍汁、1勺蚝油、2勺清水调成酱汁备用。

②把调好的酱汁倒入切好的白灵菇里搅拌,使每一片白灵菇都沾上酱料。

③搅拌好的白灵菇放入盘子里,放进锅中蒸制,水开后蒸10分。

④蒸好的白灵菇从锅取出,另起一炒锅,不用放油,直接将白灵菇带汁倒入炒锅中,加一点点老抽(上色用),翻炒均匀,出锅前放少许水淀粉使汤汁浓稠(整个炒制过程在1~2分)。

⑤西蓝花掰成小块儿清洗备用,锅中放入清水烧开后,放入2勺油、1勺盐,将西蓝花放入水中焯制30~40秒,待西蓝花变成翠绿色后捞出,放入清水中过凉捞出摆盘备用。

⑥将炒制好的白灵菇放入摆好西蓝花的盘中,即可上桌。

3)小窍门　①在白灵菇蒸炒的过程中不用放盐,因为蚝油和鲍汁都带咸味,如果喜欢稍微味重的可以根据个人口味再添加盐的分量。

②西蓝花焯水的过程中放入油是为了使焯出的西蓝花色彩漂亮,加盐是为了给西蓝花一点底味。西蓝花摆盘的时候可以在盘子的中间放上几朵,这样最后把白灵菇倒在西蓝花上会有个弧度,使摆盘后的鲍汁白灵菇更漂亮。

③最后炒制的过程是为了调色,加上一点点老抽会使颜色更好看,千万别加太多,如果想再加点盐,可以在这个环节上加。

2. 蚝油白灵菇

1)主料　白灵菇,香菜,红尖椒。

2)做法　①白灵菇洗净,切成大片。

②锅中放少量油,将切好的白灵菇片放入锅中煸炒。煸至水分基本没有时,加入蚝油,炒匀后加入切好的红尖椒。翻炒片刻后加香菜即可。

3)小窍门　①炒白灵菇时不要加水,干煸

出水分。

②蚝油中有一定的盐分,所以可以不加盐。

3. 蒜黄肉丝白灵菇

1)主料　白灵菇,蒜黄,肉丝。

2)做法　①白灵菇洗净,切成比筷子稍粗的长条。

②准备肉丝,蒜黄也切成寸段。

③锅中油烧至五成热,放肉丝,翻炒至发白。

④加入白灵菇,炒至白灵菇变软盛出。

⑤另起锅烧热,加入蒜黄炒。

⑥当蒜黄变软时,加入炒好的白灵菇。

⑦加适量盐、味极鲜、芝麻油炒匀出锅。

3)小窍门　炒蒜黄时,先放入茎部分,再放叶子部分,以保证同步成熟。

4. 酱汁白灵菇

1)主料　白灵菇,西蓝花。

2)做法　①酱肉酱油、白糖、鸡精,再加上浸泡了鸡枞菌的油调匀。

②白灵菇洗净,将下面的梗去平。菇正面打上斜刀,背面也可以。

③两面都煎至金黄色。

④加入调好的料汁,小火再慢煎一会儿。最后把汁勾芡,淋在白灵菇上。

3)小窍门　用鸡枞菌调和的料汁来烹饪白灵菇,味道很好。

5. 白灵菇榨菜炒肉丝

1)主料　猪腿肉(200 克),榨菜丝(70克),白灵菇(120 克)。

2)配料　油(30 毫升)、盐(2 克)、大蒜(适量)、小葱(适量)、料酒(2 汤匙)、生粉(2 汤匙)、鸡精(2 克)。

3)做法　①准备猪腿肉、榨菜丝和白灵菇,准备蒜片和葱花。

②猪肉洗净后切丝放入碗中,加入盐、料酒和生粉搅匀静置半小时,白灵菇洗净后切丝。

③锅中加水烧开后倒入白灵菇,焯水后捞起。

④另起一锅,热锅温油下入猪肉丝过油至变色捞起。

⑤锅中留底油加入蒜片爆香,先倒入白灵菇煸炒出香味,再把猪肉丝和榨菜丝倒入

煸炒出香味,再加入鸡精调味后熄火出锅,撒上葱花上桌。

4)小窍门　①猪肉丝要上浆,这样口感更佳。

②猪肉丝和榨菜都有咸味,加盐之前要尝试味道。

6.红烧白灵菇

1)主料　白灵菇(200 克),蒜苗(50 克)。

2)配料　胡椒粉(1 克),鸡精粉(少许),酱油(1 克),盐(少许)。

3)做法　①主料洗干净备用,蒜苗切小段,白灵菇切稍厚点的片状。

②锅中放油,待油四五成热后倒入白灵菇,两面煎至金黄色。

③倒入少许酱油,翻炒均匀。如果锅干,可加少许开水。

④倒入蒜苗翻炒,放入胡椒粉、盐、鸡精粉翻炒出锅。

7.白灵菇炒小油菜

1)主料　小油菜(500 克),白灵菇(250克)。

2)做法　①把小油菜直接掰开洗净备用,白灵菇切成小碎块备用。

②锅烧热放油,放入白灵菇翻炒,直到白灵菇炒出水分,然后放入耗油、味精、糖。盖上盖子焖一会儿,待白灵菇吸收水分变得劲道以后,把小油菜放里面翻炒一会儿,小油菜八成熟的时候放入盐调味,最后放入水淀粉勾个薄芡。

③在出锅前把小油菜挑出来,沿盘子外缘摆成外边造型,然后把白灵菇放在中间即可。

8.白灵菇水饺

1)主料　面粉(适量),白灵菇(适量),牛肉馅(适量),鸡蛋(适量)。

2)配料　葱(适量),姜(适量),调料(适量)。

3)做法　①面粉加水和成面团,盖上盖醒一会儿。

②白灵菇切碎备用。

③把配料还有一个鸡蛋统统放入牛肉馅里顺着一个方向搅拌。

④把面团取出来揉光滑搓成长条。

⑤然后揪成等分的小剂子,搓成小圆球,撒上面粉备用。

⑥把切碎的白灵菇放到肉馅里搅拌均匀。

⑦擀面皮包饺子。

⑧锅中放水,大火烧开沸腾以后放入饺子,待饺子再次沸腾加入一小碗凉水接着煮,再烧开后再加凉水。反复两三次以后,饺子全都浮在水面上就可以出锅。

9. 白灵菇烧番茄豆腐

1)主料　日本豆腐,番茄,白灵菇。

2)做法　①白灵菇洗净撕条,热锅热油煸炒白灵菇,取出备用。

②番茄去皮切块,热锅热油煸炒番茄。

③倒入白灵菇、日本豆腐加盐烧熟即可。

10. 鱼丁炒白灵菇

1)主料　草鱼块,大蒜叶,白灵菇。

2)配料　姜,盐,生粉,料酒,辣椒,生抽。

3)做法　①草鱼洗净切丁,加姜末、盐、料酒揉匀。

②加生粉揉匀。

③大蒜叶洗净切段,白灵菇切丁,辣椒切小块。

④热锅热油倒入辣椒、白灵菇煸炒。

⑤倒入鱼块煸炒。

⑥倒入大蒜叶,加少量生抽翻炒即可。

参考文献

[1] 中国食用菌协会. 18 种珍稀美味食用菌栽培(M). 北京:中国农业出版社,1997.

[2] 黄年来. 食用菌病虫诊治(彩色)手册(M). 北京:中国农业出版社,2001.

[3] 康源春,等. 白灵菇高产栽培问答(M). 郑州:中原农民出版社,2003.

[4] 康源春,袁瑞奇. 图文精解白灵菇栽培技术(M). 郑州:中原农民出版社,2005.

[5] 全国食用菌品种认定委员会. 食用菌菌种生产与管理手册(M). 北京:中国农业出版社,2006.

[6] 黄晨阳,陈强,张金霞. 图说白灵菇栽培关键技术(M). 北京:中国农业出版社,2011.

[7] 康源春,张玉亭,程雁,等. 白灵菇栽培实操技术图解(M). 郑州:中原农民出版社,2015.

白灵菇 种植能手谈经